Die komplexe Berechnung von Wechselstromschaltungen

von

Dr. Hans Heinrich Meinke

o. Professor an der Technischen Universität München

4., neubearbeitete Auflage

Sammlung Göschen Band 5156

Walter de Gruyter & Co.
Berlin · New York 1971

Satz: IBM-Composer, Walter de Gruyter – Druck: Mercedes-Druck, Berlin. –
Printed in Germany.

ISBN 3 11 003608 8

Library of Congress Catalog Card Number 70-171092

Inhalt

I. Grundlagen

Vorausgesetzt werden einfache Kenntnisse über trigonometrische Funktionen und komplexe Zahlen. Wenn auch gelegentlich Formeln und Begriffe der Differentialrechnung vorkommen, so sind diese jedoch keine unumgängliche Voraussetzung für das Verständnis des Buches. Die Grundbegriffe der Schwingungslehre und des Wechselstroms sollten ebenfalls bekannt sein. Gewisse wichtige Formeln und Begriffe werden in den folgenden Abschnitten, teilweise ohne Beweis, nochmals zusammengestellt.

I,1. Die Eulersche Gleichung

Im Gegensatz zu der im mathematischen Schrifttum üblichen Schreibweise i bezeichnet man in der Elektrotechnik die Größe $\sqrt{-1}$ mit j, weil der Buchstabe i zur Bezeichnung der Ströme verwendet wird.

$$j = \sqrt{-1}; \quad j^2 = -1; \quad \frac{1}{j} = -j. \tag{1}$$

Zu beachten ist ferner, daß die im folgenden benutzten Winkelgrößen nicht in Winkelgraden, sondern im *Bogenmaß* angegeben werden. Ein Winkel φ wird also durch die Länge φ des Bogens gemessen, den er als Zentrumswinkel aus dem Einheitskreis (Radius 1) ausschneidet (Abb. 1):

$$(\varphi \text{ im Bogenmaß}) = \frac{\pi}{180}(\varphi \text{ in Winkelgraden}).$$

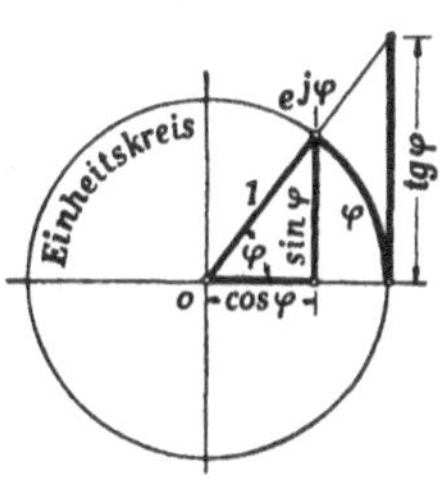

Abb. 1. Funktionen am Einheitskreis

Vergleichsweise ist $360° = 2\pi$, $180° = \pi$, $90° = \pi/2$, $45° = \pi/4$. Das Vorzeichen von φ wird nach allgemeiner Vereinbarung positiv, wenn φ wie in Abb. 1 von der waagerechten positiven Achse ausgehend gegen den Uhrzeigersinn auf dem Einheitskreis liegt. Abb. 1 zeigt weiter, wie man am Einheitskreis die Größen $\sin\varphi$, $\cos\varphi$ und $\operatorname{tg}\varphi$ findet.

Die Funktion e^x: Sie wird in der Mathematik definiert durch die unendliche Reihe

$$e^x = 1 + x + \frac{x^2}{2} + \frac{x^3}{3!} + \dots + \frac{x^n}{n!} + \dots \,. \tag{2}$$

Das Zeichen n! bedeutet dabei das Produkt

$$n! = 1 \cdot 2 \cdot 3 \cdot 4 \cdot \dots \cdot (n-1) \cdot n. \tag{3}$$

Eine solche konvergente, unendliche Reihe sagt aus, daß man bei gegebenem x die Zahl e^x bereits durch endlich viele Glieder mit jeder gewünschten Genauigkeit berechnen kann. Je größer x, desto mehr Glieder muß man berechnen. Die e-Funktion hat die bemerkenswerte Eigenschaft, daß ihr Differentialquotient wieder gleich der Ausgangsfunktion ist:

$$\frac{d}{dx}(e^x) = e^x. \tag{4}$$

Diese Tatsache, die sich leicht durch gliedweises Differenzieren der Reihe (2) beweisen läßt, ist der tiefere Grund für das häufige Auftreten dieser Funktion bei physikalischen und technischen Problemen. Die Zahl e ergibt sich aus (2) für $x = 1$ als $e = 2{,}72 \dots$ Wichtig ist die Anwendbarkeit der Potenzregeln (ohne Beweis):

$$e^{(x_1 + x_2)} = e^{x_1} \cdot e^{x_2}; \quad e^{-x} = \frac{1}{e^x}\,. \tag{5}$$

Die Funktion $e^{j\varphi}$: Die Funktion (2) ist zunächst für ein reelles x gedacht. Man kann natürlich rein formal auch ein imaginäres $x = j\varphi$ in (2) einsetzen und untersuchen, was eine solche Funktion darstellt. Man beachte, daß nach (1) stets $j^2 = -1$ ist, und fasse jeweils die entstandenen reellen und imaginären Glieder für sich zusammen:

$$e^{j\varphi} = \left(1 - \frac{\varphi^2}{2} + \frac{\varphi^4}{4!} - \frac{\varphi^6}{6!} + \dots\right) + j\left(\varphi - \frac{\varphi^3}{3!} + \frac{\varphi^5}{5!} - \frac{\varphi^7}{7!} + \dots\right). \tag{6}$$

Die erste Klammer ist die bekannte unendliche Reihe für die Funktion

$$\cos\varphi = 1 - \frac{\varphi^2}{2} + \frac{\varphi^4}{4!} - \frac{\varphi^6}{6!} + \dots, \tag{7}$$

die zweite Klammer die Reihe für die Funktion

$$\sin\varphi = \varphi - \frac{\varphi^3}{3!} + \frac{\varphi^5}{5!} - \frac{\varphi^7}{7!} + \dots\,. \tag{8}$$

Durch Einsetzen dieser Funktion erhält man die *Eulersche Gleichung*

$$e^{j\varphi} = \cos\varphi + j\sin\varphi. \tag{9}$$

Die neu definierte Funktion $e^{j\varphi}$ ist also eine komplexe Zahl mit dem Realteil $\cos\varphi$ und dem Imaginärteil $\sin\varphi$. Insbesondere ist

$$e^{j\pi/2} = j;\quad e^{j\pi} = -1;\quad e^{-j\pi/2} = -j. \tag{10}$$

Diese Formeln ergeben sich aus (9), wenn man für φ die betreffenden Werte in die cos- und sin-Funktion einsetzt. Näheres über die komplexe Zahl $e^{j\varphi}$ in Abschn. I,2.

Die Vereinfachung, die die Verwendung dieser komplexen Funktion bei zahlreichen Rechnungen bewirkt und die der wesentliche Grund für die Einführung des komplexen Rechenverfahrens ist, erkennt man schon an folgendem einfachen Beispiel. Man setzt in (9) $\varphi = \varphi_1 + \varphi_2$:

$$e^{j(\varphi_1+\varphi_2)} = \cos(\varphi_1+\varphi_2) + j\sin(\varphi_1+\varphi_2). \tag{11}$$

Nach (5) ist aber auch

$$\begin{aligned} e^{j(\varphi_1+\varphi_2)} &= e^{j\varphi_1}\cdot e^{j\varphi_2} = (\cos\varphi_1 + j\sin\varphi_1)(\cos\varphi_2 + j\sin\varphi_2) \\ &= (\cos\varphi_1\cdot\cos\varphi_2 - \sin\varphi_1\cdot\sin\varphi_2) \\ &\quad + j(\sin\varphi_1\cdot\cos\varphi_2 + \cos\varphi_1\cdot\sin\varphi_2). \end{aligned} \tag{12}$$

Die Realteile müssen in beiden Formeln gleich sein. Daraus folgt das Additionstheorem

$$\cos(\varphi_1+\varphi_2) = \cos\varphi_1\cdot\cos\varphi_2 - \sin\varphi_1\cdot\sin\varphi_2. \tag{13}$$

Aus der Gleichheit der beiden Imaginärteile ergibt sich die bekannte Formel

$$\sin(\varphi_1+\varphi_2) = \sin\varphi_1\cdot\cos\varphi_2 + \cos\varphi_1\cdot\sin\varphi_2. \tag{14}$$

Man vergleiche mit dieser einfachen Ableitung den erheblichen Aufwand, der nötig wird, wenn man diese Formeln in üblicher Weise *ohne* Verwendung des komplexen Rechnens gewinnen will. Wer die Bedeutung der komplexen Methode voll erfassen will, vergleiche auch bei den im folgenden behandelten Aufgaben immer wieder den einfachen komplexen Weg mit den komplizierten Formelgebilden, die entstehen, wenn man mit reellen trigonometrischen Funktionen rechnet. Bei umfangreicheren Wechselstromschaltungen macht die komplexe Rechnung das quantitative Arbeiten überhaupt erst *möglich*, weil die reelle Rechnung wegen ihres Umfangs nicht mehr beherrscht werden kann.

Wichtig sind noch folgende Formeln:

$$e^{-j\varphi} = \cos\varphi - j\sin\varphi. \tag{15}$$

Man erhält diese Formel aus (9), wenn man φ durch $(-\varphi)$ ersetzt und beachtet, daß $\cos(-\varphi) = \cos\varphi$ und $\sin(-\varphi) = -\sin\varphi$ ist.

$$\cos\varphi = \frac{1}{2}(e^{j\varphi} + e^{-j\varphi}). \tag{16}$$

Zum Beweis dieser Formel addiere man (9) und (15).

$$j\sin\varphi = \frac{1}{2}(e^{j\varphi} - e^{-j\varphi}). \tag{17}$$

Zum Beweis dieser Formel subtrahiere man (15) von (9).

I,2. Komplexe Zahlen

Die Darstellung komplexer Zahlen: In der deutschen elektrotechnischen Literatur ist es nach dem Normblatt DIN 5483 neuerdings üblich, komplexe Größen durch Unterstreichen zu kennzeichnen:

$$\underline{a} = a_1 + j\,a_2. \tag{18}$$

Eine komplexe Zahl $\underline{a}$ wird durch ihren *Realteil* a_1 und ihren *Imaginärteil* a_2 beschrieben, also durch zwei voneinander unabhängige Größen. Geometrisch anschaulich stellt man diese Zahl auch durch einen Punkt $\underline{a}$ in einer Ebene dar (Abb. 2), dessen Koordinaten in einem rechtwinkligen Koordinatensystem a_1 und a_2 sind. Vielfach bezeichnet man als $\underline{a}$ auch den Pfeil vom Nullpunkt des Koordinatensystems zum Punkt $\underline{a}$ (Abb. 2).

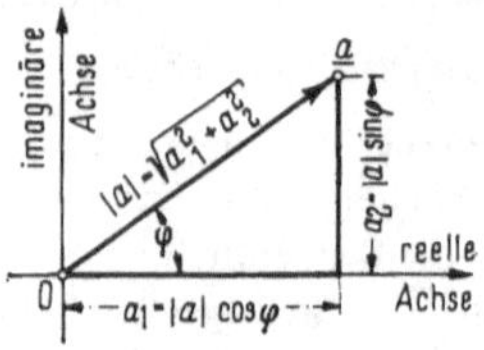

Abb. 2. Komplexe Zahl $\underline{a}$ in der komplexen Zahlenebene

Die zur Koordinate a_1 gehörende Achse nennt man die reelle Achse, die zur Koordinate a_2 gehörende die imaginäre Achse. Für $a_2 = 0$ ist $\underline{a}$ eine reelle Zahl a_1. Diese liegt auf der reellen Achse. Für $a_1 = 0$ ist $\underline{a}$ eine imaginäre Zahl ja_2, die auf der imaginären Achse liegt. Als *Absolutwert* $|a|$ der komplexen Zahl $\underline{a}$ bezeichnet man die Länge des Pfeiles $\underline{a}$, d. h. den Abstand des Punktes $\underline{a}$ vom Nullpunkt:

$$|a| = \sqrt{a_1^2 + a_2^2}. \tag{19}$$

Als Argument φ bezeichnet man den Winkel zwischen dem Pfeil $\underline{a}$ und der reellen Achse (Abb. 2):

$$\tan \varphi = a_2/a_1\,; \quad \varphi = \arc\tan (a_2/a_1). \tag{20}$$

Für positive reelle Zahlen ist $\varphi = 0$, für imaginäre Zahlen $\varphi = \pi/2$ oder $-\pi/2$ je nach Vorzeichen von a_2. Es ist nach Abb. 2

$$a_1 = |a| \cdot \cos \varphi; \quad a_2 = |a| \cdot \sin \varphi. \tag{21}$$

Die zwei Größen $|a|$ und φ sind die Polarkoordinaten des Punktes $\underline{a}$ in der „komplexen Zahlenebene".

Die *komplexe* Zahl $e^{j\varphi}$ hat nach (9) die rechtwinkligen Koordinaten $\cos \varphi$ und $\sin \varphi$, nach (19) den Absolutwert

$$|e^{j\varphi}| = \sqrt{\cos^2 \varphi + \sin^2 \varphi} = 1 \tag{22}$$

und das Argument φ, das in der Elektrotechnik je nach Verwendungszweck auch Phasenwinkel bzw. Phase genannt wird. Der Punkt $e^{j\varphi}$ liegt also auf dem Einheitskreis. Seine Lage in der komplexen Zahlenebene zeigt Abb. 1. Mit wachsenem φ dreht sich der Pfeil $e^{j\varphi}$ gegen den Uhrzeigersinn um den Nullpunkt. Nach (9) und (21) kann man jede komplexe Zahl in folgender Form schreiben:

$$\underline{a} = a_1 + ja_2 = |a|(\cos \varphi + j \sin \varphi) = |a| \cdot e^{j\varphi}. \tag{23}$$

Eine komplexe Zahl ist also das Produkt einer reellen Zahl $|a|$ und der komplexen Zahl $e^{j\varphi}$. Hieran erkennt man die fundamentale Bedeutung der Zahl $e^{j\varphi}$ für die Darstellung komplexer Zahlen.

Das Rechnen mit komplexen Zahlen: Wenn man zwei komplexe Zahlen $\underline{a} = a_1 + ja_2$ und $\underline{b} = b_1 + jb_2$ addieren oder subtrahieren will, rechnet man mit rechtwinkligen Koordinaten, um die einfachen Formeln

$$\underline{a} + \underline{b} = (a_1 + b_1) + j(a_2 + b_2), \tag{24}$$

$$\underline{a} - \underline{b} = (a_1 - b_1) + j(a_2 - b_2) \tag{25}$$

zu erhalten. Abb. 3 zeigt diese Addition der Pfeile, wie sie von vielen physikalischen Aufgaben her bekannt ist. Wenn man zwei komplexe Zahlen multi-

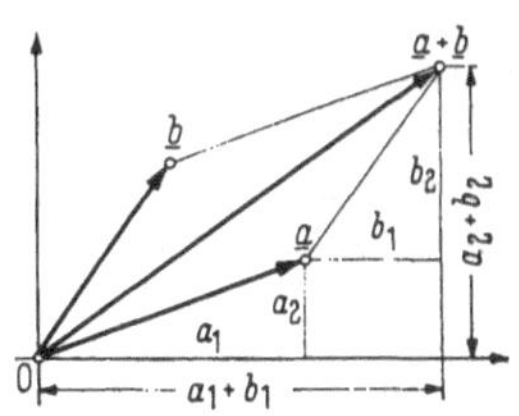

Abb. 3. Addition zweier komplexer Zahlen $\underline{a}$ und $\underline{b}$

plizieren will, rechnet man zweckmäßig nur mit Polarkoordinaten:

$$\underline{a} = |\,a\,| \cdot e^{j\varphi};\quad \underline{b} = |\,b\,| \cdot e^{j\psi}; \tag{26}$$

$$\underline{a} \cdot \underline{b} = |\,a\,| \cdot |\,b\,| \cdot e^{j\varphi} \cdot e^{j\psi} = |\,a\,| \cdot |\,b\,| \cdot e^{j(\varphi + \psi)}. \tag{27}$$

Zum Beweis dieser Formel benutze man (5). Man multipliziert also die Absolutwerte und addiert die Argumente. Wenn man die gleiche Aufgabe mit rechtwinkligen Koordinaten rechnen will, werden die Formeln wesentlich komplizierter. Abb. 4 zeigt in einem Beispiel zu gegebenem $\underline{a}$ und $\underline{b}$ die Lage des Produkts $\underline{a} \cdot \underline{b}$ in der komplexen Ebene.

Besonders einfach ist die Multiplikation einer Zahl $\underline{a}$ mit einer reellen Zahl b, wobei das Argument φ erhalten bleibt,

$$\underline{a} \cdot b = |\,a\,| \cdot b \cdot e^{j\varphi} \tag{28}$$

oder die Multiplikation mit der Zahl $e^{j\psi}$, wobei nach (22) der Absolutwert $|\,a\,|$ unverändert bleibt:

$$\underline{a} \cdot e^{j\psi} = |\,a\,| \cdot e^{j(\varphi + \psi)}. \tag{29}$$

Die Multiplikation mit $e^{j\psi}$ bedeutet also eine Drehung des Pfeiles $\underline{a}$ um den Winkel ψ gegen den Uhrzeigersinn (Abb. 5).

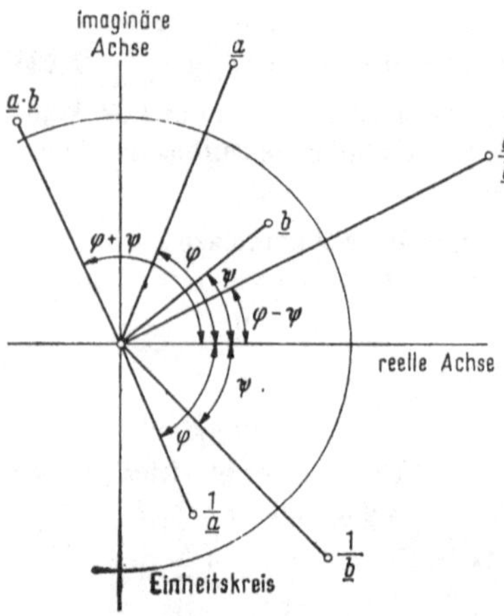

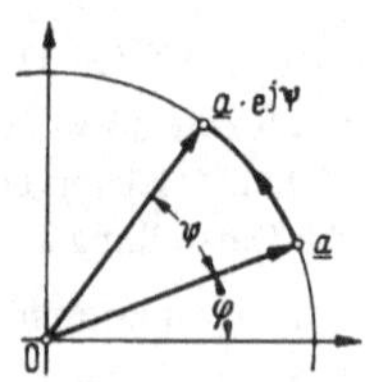

Abb. 5. Multiplikation einer komplexen Zahl $\underline{a}$ mit $e^{j\psi}$

Abb. 4. Multiplikation und Division zweier komplexer Zahlen $\underline{a}$ und $\underline{b}$

Der Reziprokwert $1/\underline{b}$ einer komplexen Zahl $\underline{b}$ kann auf zwei Weisen berechnet werden. Mit rechtwinkligen Koordinaten:

$$\frac{1}{\underline{b}} = \frac{1}{b_1 + jb_2} = \frac{1}{b_1 + jb_2} \cdot \frac{b_1 - jb_2}{b_1 - jb_2} = \frac{b_1}{b_1^2 + b_2^2} - j\,\frac{b_2}{b_1^2 + b_2^2}\,. \tag{30}$$

Das Vorzeichen des Imaginärteils kehrt sich dabei um. Diese Regel ist besonders wichtig für den Reziprokwert einer rein imaginären Zahl jb_2

$$\frac{1}{jb_2} = -j\,\frac{1}{b_2}. \tag{31}$$

Bei der Rechnung mit Polarkoordinaten erhält man nach (5) für ein komplexes $\underline{b}$

$$\frac{1}{\underline{b}} = \frac{1}{|b| \cdot e^{j\psi}} = \frac{1}{|b|} \cdot e^{-j\psi}. \tag{32}$$

Abb. 4 zeigt für eine Zahl $\underline{a}$ mit $|a| > 1$ und für eine Zahl $\underline{b}$ mit $|b| < 1$ die Lage der Punkte $1/\underline{a}$ und $1/\underline{b}$ in der komplexen Ebene. Den Übergang von einer komplexen Zahl zu ihrem Reziprokwert in der komplexen Ebene nennt man Inversion. Die Inversion ist eine Spiegelung mit reziproken Radien. Die Spiegelung erfolgt an der reellen Achse, weil ψ in $(-\psi)$ übergeht. Die Radien, d. h. die Abstände der Punkte $\underline{b}$ und $1/\underline{b}$ vom Nullpunkt sind reziprok. Man sieht bereits hier durch Vergleich von (30) und (32), daß man Rechnungen durch zweckmäßige Wahl der Koordinatendarstellung wesentlich vereinfachen kann. Dies ist bei umfangreichen Rechnungen oft entscheidend.

Aus (32) erhält man die Divisionsregel in Polarkoordinaten mit Hilfe von (27). Division durch $\underline{b}$ kann man als Multiplikation mit $1/\underline{b}$ auffassen.

$$\frac{\underline{a}}{\underline{b}} = \underline{a}\,\frac{1}{\underline{b}} = |a|\,\frac{1}{|b|}\,e^{j\varphi} \cdot e^{-j\psi} = \frac{|a|}{|b|}\,e^{j(\varphi - \psi)}. \tag{33}$$

Man dividiert die Absolutwerte und subtrahiert die Argumente. Abb. 4 zeigt in einem Beispiel zu gegebenem $\underline{a}$ und $\underline{b}$ die Lage des Punktes $\underline{a}/\underline{b}$.

I,3. Kreispendel und ebenes Pendel

Das Ziel ist die Darstellung von Schwingungen durch komplexe Zahlen. Einen physikalisch besonders einfachen Schwingungsvorgang gibt das *Kreispendel*, in der Mechanik beispielsweise idealisiert dargestellt durch eine an einem gewichtslosen Faden aufgehängte Kugel von geringer Ausdehnung, die als punktförmige, in ihrem Mittelpunkt konzentrierte Masse betrachtet wird. Unter Vernachlässigung des Luftwiderstandes kann sie sich auf einem Kreis bewegen (Abb. 6a), wenn sie in geeigneter Weise angestoßen wird. Betrachtet man in Abb. 7 die waagerechte Ebene, in der sich die Kugel dann bewegt, als eine komplexe Zahlenebene nach I,2, so kann man den Ort des Massenpunk-

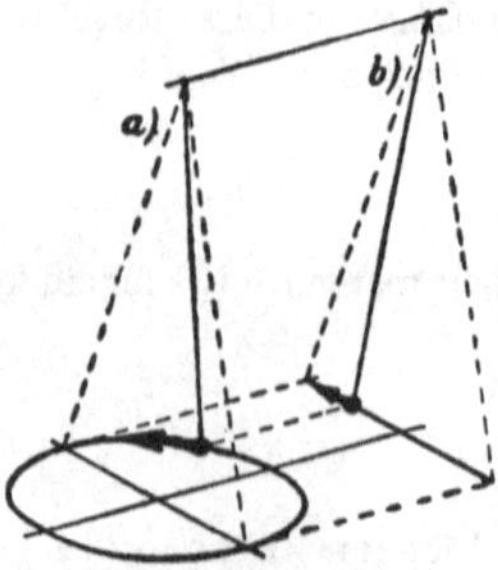

Abb. 6. Kreispendel und ebenes Pendel

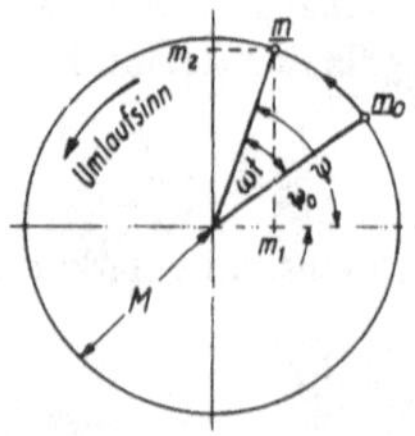

Abb. 7. Komplexer Momentanwert eines Kreispendels

tes in einem bestimmten Zeitpunkt t durch die zu diesem Ort gehörende komplexe Zahl $\underline{m}$ festlegen. Ist der „momentane Ort"

$$\underline{m} = m_1 + jm_2 = |\,m\,| \cdot e^{j\psi} \tag{34}$$

durch seinen Realteil m_1 und seinen Imaginärteil m_2 beschrieben, so sind m_1 und m_2 die rechtwinkligen Koordinaten des Kugelortes zur Zeit t. Ist $\underline{m}$ durch Absolutwert und Argument gegeben, so sind $|\,m\,|$ und ψ die Polarkoordinaten des momentanen Ortes. Die letztere Beschreibungsart ist hier günstiger; da die Kugel auf einem Kreise läuft, ist dabei $|\,m\,|$ konstant gleich dem Radius M des Kreises.

Weil der Kreis mit konstanter Geschwindigkeit durchlaufen wird, wächst der Winkel ψ linear mit der Zeit. Man geht aus von dem gegebenen Ort $\underline{m}_0$, den die Kugel zur Zeit t = 0, also am Beginn der Bewegung hat.

$$\underline{m}_0 = |\,m_0\,| \cdot e^{j\psi_0}. \tag{35}$$

Berechnen will man den Ort $\underline{m}$ der Kugel in einem beliebigen Zeitpunkt t bei gegebener Winkelgeschwindigkeit ω. Der Punkt $\underline{m}_0$ hat den Absolutwert $|\,m_0\,| = M$. Dieser Absolutwert bleibt beim Umlauf erhalten:

$$|\,m\,| = |\,m_0\,| = M. \tag{36}$$

$\underline{m}_0$ hat das Argument ψ_0, das meist als Nullphasenwinkel der Bewegung bezeichnet wird. Als Winkelgeschwindigkeit ω bezeichnet man den Winkel im Bogenmaß, um den sich das Argument ψ des $\underline{m}$ in der Zeiteinheit ändert. Während der Umlaufzeit T durchläuft die Kugel den vollen Kreis, also den Winkel 2π. Daher ist $T = 2\pi/\omega$. Die Frequenz f gibt an, wie oft der Kreis in der Zeiteinheit durchlaufen wird: $f = 1/T = \omega/(2\pi)$. Es besteht also die wichtige Beziehung

$$\omega = 2\pi f. \tag{37}$$

Wegen dieses einfachen Zusammenhangs mit der Frequenz f nennt man ω auch die Kreisfrequenz. Wenn der Kreis *gegen den Uhrzeigersinn* durchlaufen wird, wächst das Argument des Punktes $\underline{m}$ mit wachsender Zeit linear (Abb. 7):

$$\psi = \psi_0 + \omega t. \qquad (38)$$

Wenn der Kreis *im Uhrzeigersinn* durchlaufen wird, nimmt ψ mit wachsender Zeit ab:

$$\psi = \psi_0 - \omega t. \qquad (39)$$

Wenn man den Ort $\underline{m}$ der Kugel in der Form (23) darstellen will, erhält man:

$$\underline{m}_0 = M \cdot e^{j\psi_0}; \; \underline{m} = M \cdot e^{j(\psi_0 \pm \omega t)} = \underline{m}_0 \cdot e^{\pm j\omega t}. \qquad (40)$$

Das Vorzeichen von ωt je nach Umlaufsinn. Man vergleiche Abb. 5. Diese komplexe Zahl $\underline{m}$, die den jeweiligen Ort der Kugel angibt, nennt man auch den *komplexen Momentanwert* des Pendelumlaufs.

Es wird im folgenden zunächst nur der Umlauf gegen den Uhrzeigersinn betrachtet (Abb. 7). Die Bewegung des Pendels wird dann durch den Zeitfaktor $e^{j\omega t}$ beschrieben. Der so rotierende Pfeil $\underline{m}$ wird oft als „Drehzeiger" bezeichnet. Verfolgt man den Ort $\underline{m}$ nicht an Hand von Absolutwert und Phase, sondern nach Realteil und Imaginärteil, so erhält man aus (40) nach (23)

$$\underline{m} = \underbrace{M \cdot \cos(\psi_0 + \omega t)}_{m_1} + j\underbrace{M \cdot \sin(\psi_0 + \omega t)}_{m_2}. \qquad (41)$$

Das ebene Pendel: Wenn man das Pendel der Abb. 6 nicht auf einem Kreis laufen läßt, sondern so anstößt, daß es in einer Ebene schwingt, dann erhält man das ebene Pendel (Abb. 6b). Um die mathematische Behandlung nicht zu erschweren, beschränkt man sich in der elementaren Physik auf den Fall, bei dem die Länge des Aufhängefadens sehr groß gegen die Schwingungsweite ist. Dann bewegt sich die Kugel praktisch auf einer waagerechten Geraden hin und her. Läßt man das Pendel zur Zeit $t = 0$ im Abstand M vom Nullpunkt los, so schwingt es nach der bekannten cos-Funktion

$$m_1 = M \cdot \cos \omega t, \qquad (42)$$

wobei der *reelle Momentanwert* m_1 der jeweilige Abstand des Massenpunkts vom Nullpunkt ist. Den zeitlichen Verlauf dieses m_1 nach (42) zeigt Abb. 8, Kurve I. Für $t = 0$ ist $m_1 = M$; für $\omega t = \pi/2$ geht das Pendel durch den Nullpunkt; für $\omega t = \pi$ erreicht es die entgegengesetzte Maximalauslenkung $m_1 = -M$, für $\omega t = 3\pi/2$ die Nullage, für $\omega t = 2\pi$ wieder die Ausgangslage und so fort. Die Zeit $2\pi/\omega$, die das Pendel für eine volle Schwingung braucht, heißt die Schwingungsdauer T. Man vergleiche die Formeln des Kreispendels. Die Zahl der Schwingungen pro Sekunde ist die Frequenz $f = 1/T$. Es ist also wie in (37) wieder $\omega = 2\pi f$. Das ω hat hier keine unmittelbare physikalische

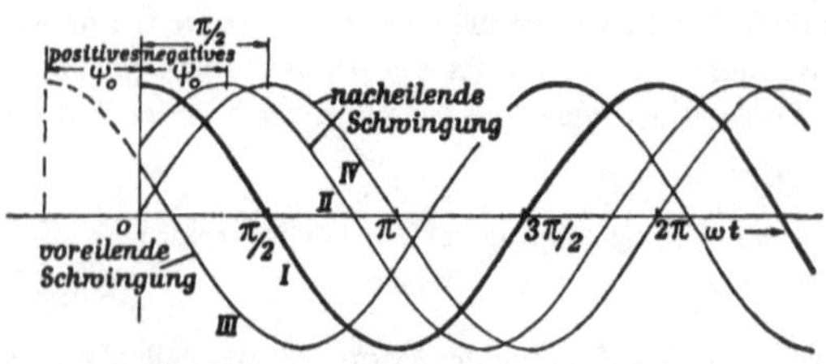

Abb. 8. Phasenverschobene Schwingungen

Bedeutung. M nennt man die (reelle) Amplitude oder den Scheitelwert der Schwingung.

Wenn das Pendel seine Maximallage $m_1 = M$ nicht zur Zeit $t = 0$, sondern in einem beliebigen Zeitpunkt t_0 erreicht, schwingt es nach der Funktion

$$m_1 = M \cdot \cos \omega (t - t_0) = M \cdot \cos (\omega t - \omega t_0) = M \cdot \cos (\omega t + \psi_0), \tag{43}$$

denn für $t = t_0$ wird in (43) $m_1 = M$.

$$\psi_0 = - \omega t_0. \tag{44}$$

Für positives t_0 zeigt den Verlauf von m_1 die Abb. 8, Kurve II (nacheilende Schwingung gegenüber Kurve I), für negatives t_0 die Kurve III (voreilende Schwingung gegenüber Kurve I). Die Größe $(- \omega t_0)$ ist der Nullphasenwinkel ψ_0; vgl. DIN 1311. ($\psi_0 > 0$: voreilende Schwingung; $\psi_0 < 0$: nacheilende Schwingung gegenüber Kurve I); vgl. (38).

Eine um $\psi_0 = - \pi/2$ gegenüber (42) nacheilende Schwingung ergibt eine sin-Funktion (Abb. 8, Kurve IV):

$$m_1 = M \cdot \cos (\omega t - \pi/2) = M \cdot \sin \omega t. \tag{45}$$

Wenn man diejenige Schwingung gleicher Amplitude M sucht, die gegenüber einer durch (43) gegebenen Schwingung (Abb. 9, Kurve I) um $\pi/2$ *nacheilt*, so ist diese nach Abb. 9, Kurve II gegeben durch

$$m_2 = M \cdot \cos (\omega t + \psi_0 - \pi/2) = M \cdot \sin (\omega t + \psi_0). \tag{46}$$

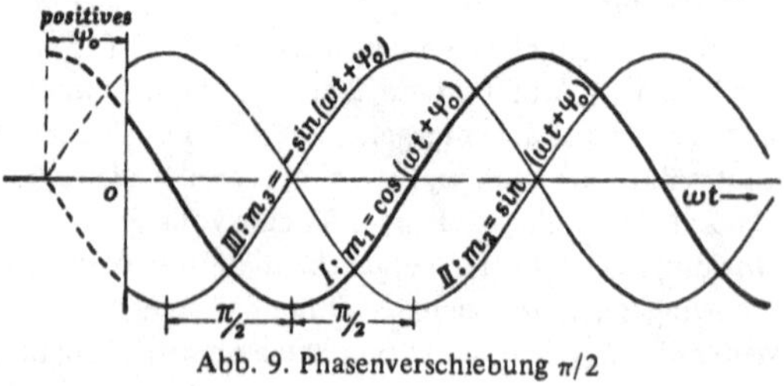

Abb. 9. Phasenverschiebung $\pi/2$

Die um $\pi/2$ gegen die Schwingung (43) *voreilende* Schwingung (Abb. 9, Kurve III) lautet

$$m_3 = M \cdot \cos(\omega t + \psi_0 + \pi/2) = -M \cdot \sin(\omega t + \psi_0). \tag{47}$$

Zusammenhänge zwischen ebenem Pendel und Kreispendel: Wenn man in der komplexen Zahlenebene eine Schwingung m_1 nach (43) längs der reellen Achse und eine Schwingung m_2 nach (46) längs der imaginären Achse erzeugt. so überlagern sich beide zur komplexen Kreisschwingung $\underline{m}$ nach (41).

$$\underline{m} = M \cdot \cos(\psi_0 + \omega t) + jM \sin(\psi_0 + \omega t) = M \cdot e^{j(\psi_0 + \omega t)}, \tag{48}$$

also zu einer Kreisbewegung nach (40). Abb. 10 zeigt den zeitlichen Verlauf der beiden, zueinander senkrechten Schwingungen m_1 und m_2 und ihre Addition zu einer Kreisbewegung.

Man kann auch eine ebene Schwingung m_1 nach (43) als Summe zweier Kreisbewegungen darstellen. Ersetzt man in Gl. (16) den Phasenwinkel φ durch einen Zeitablauf nach (38), so wird die ebene Schwingung

$$m_1 = M \cdot \cos(\psi_0 + \omega t) = \frac{1}{2} M \left[e^{j(\psi_0 + \omega t)} + e^{-j(\psi_0 + \omega t)}\right] \tag{49}$$

eine Summe einer Kreisbewegung

$$\frac{1}{2} M \cdot e^{j(\psi_0 + \omega t)} \tag{50}$$

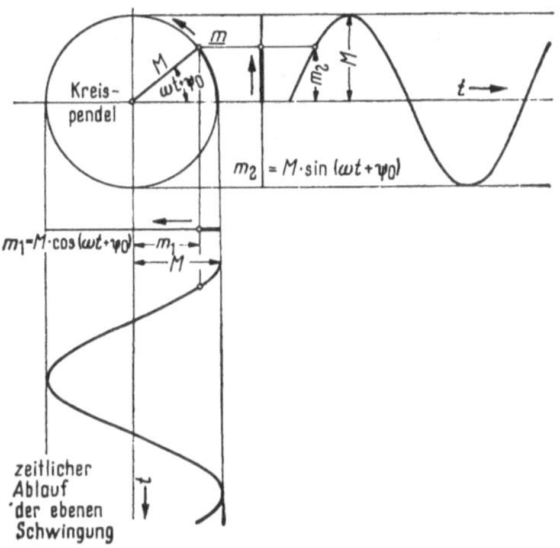

Abb. 10. Zerlegung einer Kreisbewegung in zwei ebene Schwingungen

und einer Kreisbewegung

$$\frac{1}{2} M \cdot e^{-j(\psi_0 + \omega t)}. \tag{51}$$

Die Bewegung (50) ist eine Kreisbewegung nach Abb. 7 mit dem Radius M/2, die zur Zeit t = 0 beim Winkel ψ_0 beginnt und den Kreis gegen den Uhrzeigersinn durchläuft. Die Bewegung (51) ist eine Kreisbewegung mit dem Radius M/2, die zur Zeit t = 0 beim Winkel $(-\psi_0)$ beginnt und nach (39) den Kreis im Uhrzeigersinn durchläuft. Die ebene Schwingung $M \cdot \cos(\omega t + \psi_0)$ ist also rein formal als Summe zweier Kreisbewegungen mit entgegengesetztem Umlaufsinn zu deuten. Dabei liegen die Drehzeiger beider Kreisbewegungen in jedem Moment symmetrisch zur reellen Achse wie in Abb. 11 und addieren sich wie in Abb. 3 zu einem Momentanwert $M \cdot \cos(\omega t + \psi_0)$, der längs der reellen Achse liegt.

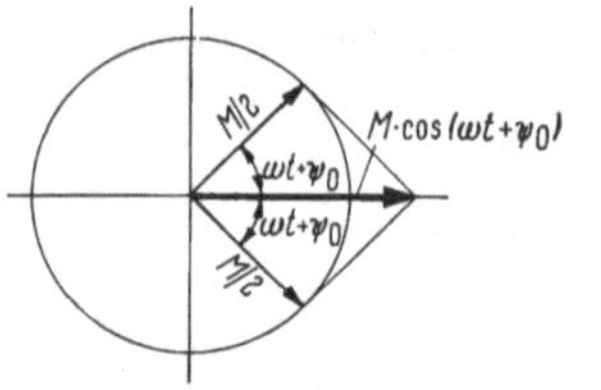

Abb. 11. Addition zweier gegenläufiger Drehzeiger zu einer cos-Schwingung

Man sagt, daß der gegen den Uhrzeiger rotierende Drehzeiger eine positive Kreisfrequenz hat, während der im Uhrzeigersinn rotierende Drehzeiger eine „negative" Kreisfrequenz besitzt.

II. Definition der komplexen Wechselstromgrößen

Die folgende Methode des komplexen Rechnens ist grundsätzlich überall dort mit Erfolg zu verwenden, wo Schwingungsvorgänge nach einer cos-Funktion (43) stattfinden. Der vorgegebene Rahmen des Buches zwingt zu einer Beschränkung auf ein kleines Teilgebiet. Das Ziel ist hier die rechnerische Behandlung der Vorgänge in Wechselstromschaltungen.

II,1. Komplexe Amplituden oder Zeiger

Der rechnerische Umgang mit einer cos-Schwingung nach (43) ist meist nicht besonders einfach; denn der Momentanwert m_1, also der Abstand vom Nullpunkt, ändert sich dauernd nach dem komplizierten cos-Gesetz, und auch die Geschwindigkeit des Pendels ist zeitlich veränderlich. Hinzu kommen die komplizierten trigonometrischen Formeln (Additionstheoreme usw.), die bereits bei relativ einfachen Aufgaben angewendet werden müssen. Man vergleiche dies mit den wesentlich einfacheren Vorgängen bei einer Kreisschwingung nach Abb. 7, bei der der Abstand vom Nullpunkt und die Geschwindigkeit konstant sind und bei komplexer Beschreibung das Additionstheorem die angenehme Form (11) hat. Eine gegebene reelle Schwingung m_1 wird nach (49) in zwei Kreisbewegungen zerlegt. In vielen Fällen, die im folgenden zusammengestellt sind, kann man das Verhalten der reellen Schwingung m_1 schon dadurch vollständig erfassen, daß man nur die Kreisbewegung (50) mit positiver Kreisfrequenz in Betracht zieht. Die reelle Schwingung ist dann wie in Abb. 6 die Projektion der Kreisbewegung auf die reelle Achse, d. h. der Realteil der komplexen Kreisbewegung $\underline{m}$ aus (48). Bei anderen Aufgabengruppen, z. B. der Berechnung der Wirkleistung nach Abschn. II,3 ergibt nur die vollständige Formel (49) ein richtiges Resultat.

Die Zeitabhängigkeit ist bei komplexer Rechnung stets in der Form $e^{j\omega t}$ gegeben. Diesen Faktor kann man aus dem komplexen $\underline{m}$ abspalten:

$$\underline{m} = M \cdot e^{j(\omega t + \psi_0)} = M \cdot e^{j\psi_0} \cdot e^{j\omega t} = \underline{M} \cdot e^{j\omega t}. \tag{52}$$

Der komplexe Momentanwert läßt sich also in eine *zeitunabhängige*, komplexe Zahl $\underline{M}$ und den Zeitfaktor $e^{j\omega t}$ zerlegen. Die Zahl $\underline{M}$ enthält als Absolutwert die reelle Amplitude M und als Argument den Nullphasenwinkel ψ_0, also die beiden bestimmenden Elemente der Schwingung (49). $\underline{M}$ nennt man die *komplexe Amplitude* (oft auch „Zeiger") der Schwingung; sie ist gleich dem komplexen Momentanwert zur Zeit t = 0.

$$\underline{M} = M \cdot e^{j\psi_0}. \tag{53}$$

Da bei vielen Aufgaben der Zeitfaktor $e^{j\omega t}$ die ganze Rechnung unverändert durchläuft und daher uninteressant ist, läßt man ihn meist fort und rechnet der Einfachheit halber nur mit der zeitunabhängigen Amplitude $\underline{M}$. Man muß aber stets die komplexen Zahlen der Gattung $\underline{M}$ und die komplexen Zahlen der Gattung $\underline{m}$ konsequent auseinanderhalten. Wenn man mit komplexen Amplituden rechnet, sollte man zur Vermeidung fehlerhafter Anwendungen nie vergessen, daß jede *komplexe Amplitude* $\underline{M}$ *stets durch den Zeitfaktor* $e^{j\omega t}$ *zu ergänzen ist*. Von der Zahl $\underline{M}$ nach (53) zum ebenen Schwingungsvorgang m_1 muß man den Umweg über das komplexe $\underline{m}$ nach (52) zum Realteil $m_1 = M \cdot \cos(\omega t + \psi_0)$ gehen.

Zahlenbeispiel: $\underline{M} = 7 + j3$; der Absolutwert ist nach (19) $M = 7{,}62$, der Nullphasenwinkel nach (20) $\psi_0 = 0{,}40$ im Bogenmaß. Die durch $\underline{M}$ dargestellte Schwingung lautet also $m_1 = 7{,}62 \cdot \cos(\omega t + 0{,}40)$.

Wenn man reelle Schwingungen m_1 mit komplexen Amplituden $\underline{M}$ behandeln will, so sind nur die 3 im folgenden beschriebenen Rechenvorgänge zugelassen.

1. Addition von Schwingungen gleicher Frequenz.
2. Multiplikation mit einer komplexen Zahl, die keine Zeitabhängigkeit besitzt, also selbst keine komplexe Amplitude ist.
3. Differentiation nach der Zeit unter Verwendung von (70).

Verboten ist dann die Multiplikation zweier Schwingungen miteinander, d. h. die Multiplikation zweier komplexer Amplituden.

Die *Division zweier komplexer Amplituden* wird in II,2 behandelt und führt zum Begriff des komplexen Widerstandes.

Addition komplexer Amplituden: Eine Addition komplexer Amplituden bedeutet eine Überlagerung zweier Schwingungen *gleicher* Frequenz mit den reellen Momentanwerten

$$m_1 = M_1 \cdot \cos(\omega t + \psi_1), \quad m_2 = M_2 \cdot \cos(\omega t + \psi_2). \tag{54}$$

Dies ergibt als Summe den reellen Momentanwert

$$\begin{aligned} m = m_1 + m_2 &= M_1 \cdot \cos(\omega t + \psi_1) + M_2 \cdot \cos(\omega t + \psi_2) \\ &= M \cdot \cos(\omega t + \psi_0). \end{aligned} \tag{55}$$

Die Summe ist wieder eine Schwingung der Frequenz ω mit neuer Amplitude M und neuen Nullphasenwinkel ψ_0. In komplexer Schreibweise lauten die Momentanwerte nach (52)

$$\underline{m}_1 = M_1 \cdot e^{j\psi_1} \cdot e^{j\omega t}; \quad \underline{m}_2 = M_2 \cdot e^{j\psi_2} \cdot e^{j\omega t}. \tag{56}$$

Die komplexen Amplituden nach (53) und (9)

$$\underline{M}_1 = M_1 \cdot e^{j\psi_1} = M_1 \cdot \cos\psi_1 + jM_1 \sin\psi_1; \tag{57}$$

$$\underline{M}_2 = M_2 \cdot e^{j\psi_2} = M_2 \cdot \cos\psi_2 + jM_2 \sin\psi_2. \tag{58}$$

Die Summe der komplexen Momentanwerte

$$\underline{m} = \underline{m}_1 + \underline{m}_2 = (\underline{M}_1 + \underline{M}_2) \cdot e^{j\omega t} = \underline{M} \cdot e^{j\omega t} = M \cdot e^{j\psi_0} \cdot e^{j\omega t}. \tag{59}$$

Unter Fortlassung des gemeinsamen Zeitfaktors $e^{j\omega t}$ auf beiden Seiten der Gleichung wird daraus eine Gleichung für die komplexen Amplituden:

$$\underline{M} = M \cdot e^{j\psi_0} = \underline{M}_1 + \underline{M}_2. \tag{60}$$

Die Berechnung von $\underline{M}$ bei gegebenem $\underline{M}_1$ und $\underline{M}_2$ erfolgt mit Hilfe rechtwinkliger Koordinaten nach (24); vgl. Abb. 3.

$$\underline{M} = (M_1 \cdot \cos \psi_1 + M_2 \cdot \cos \psi_2) + j\,(M_1 \cdot \sin \psi_1 + M_2 \cdot \sin \psi_2). \tag{61}$$

Daraus ergibt sich nach (19) der Absolutwert der Summe mit (13) als

$$M = \sqrt{(M_1 \cdot \cos \psi_1 + M_2 \cdot \cos \psi_2)^2 + (M_1 \cdot \sin \psi_1 + M_2 \cdot \sin \psi_2)^2}$$

$$= \sqrt{M_1^2 + M_2^2 + 2\,M_1\,M_2 \cdot \cos (\psi_2 - \psi_1)}. \tag{62}$$

Der Nullphasenwinkel der Summenschwingung ergibt sich nach (20) aus:

$$\tan \psi_0 = \frac{M_1 \cdot \sin \psi_1 + M_2 \cdot \sin \psi_2}{M_1 \cdot \cos \psi_1 + M_2 \cdot \cos \psi_2}. \tag{63}$$

Vergleichsweise versuche man das Ergebnis für M und ψ_0 direkt aus (55) mit Hilfe trigonometrischer Formeln ohne komplexe Zahlen zu gewinnen, um die Vorteile der komplexen Rechnung zu erkennen.

Eine Subtraktion verläuft nach (25) in gleicher Weise bei unverändertem Zeitfaktor $e^{j\omega t}$. Nach (10) ist $e^{j\pi} = -1$, so daß man jede Subtraktion auch als Addition einer um π gedrehten Schwingung auffassen kann:

$$\underline{M}_1 - \underline{M}_2 = \underline{M}_1 + \underline{M}_2 \cdot e^{j\pi}. \tag{64}$$

Multiplikation bei komplexen Amplituden: Multiplikation einer komplexen Amplitude mit einer zeitunabhängigen reellen Größe R bedeutet Multiplikation des Absolutwerts bei gleichbleibendem Nullphasenwinkel ψ_0:

$$\underline{M} = M \cdot e^{j\psi_0}; \quad R \cdot \underline{M} = R \cdot M \cdot e^{j\psi_0}. \tag{65}$$

Multiplikation mit einer zeitunabhängigen komplexen Größe $e^{j\psi}$, deren Absolutwert nach (22) gleich 1 ist, bedeutet nach (29) Änderung des Nullphasenwinkels bei gleichbleibendem Absolutwert:

$$\underline{M} = M \cdot e^{j\psi_0}; \quad \underline{M} \cdot e^{j\varphi} = M \cdot e^{j\psi_0} \cdot e^{j\varphi} = M \cdot e^{j(\psi_0 + \varphi)}. \tag{66}$$

Die Multiplikation mit einer zeitunabhängigen, beliebigen komplexen Größe $\underline{Z} = |Z| \cdot e^{j\varphi}$ bedeutet gleichzeitige Änderung des Absolutwerts und des Nullphasenwinkels nach (27):

$$\underline{M} = M \cdot e^{j\psi_0}; \quad \underline{M} \cdot \underline{Z} = M \cdot |Z| \cdot e^{j(\psi_0 + \varphi)}. \tag{67}$$

Entsprechendes gilt für die Division durch eine zeitunabhängige komplexe Zahl nach (33):

$$\frac{\underline{M}}{\underline{Z}} = \frac{M}{|Z|}\, e^{j(\psi_0 - \varphi)}. \tag{68}$$

Differentiation: Den *Differentialquotienten* einer komplexen Amplitude nach der Zeit gibt es nicht; man muß bedenken, daß nur der komplexe Momentanwert $\underline{m}$ zeitabhängig ist: $\underline{m} = \underline{M} \cdot e^{j\omega t}$. Man kann also $\underline{m}$ nach der

Zeit t mit Hilfe von (4) differenzieren:

$$\frac{dm}{dt} = \underline{M} \cdot j\omega \cdot e^{j\omega t} = \underline{m}' = \underline{M}' \cdot e^{j\omega t}. \tag{69}$$

$\underline{m}'$ ist wieder ein komplexer Momentanwert mit dem Zeitfaktor $e^{j\omega t}$ und der komplexen Amplitude $\underline{M}'$. Die exakte Formulierung dieses Ergebnisses lautet: Die komplexe Amplitude $\underline{M}'$des Differentialquotienten eines komplexen Momentanwerts mit der komplexen Amplitude $\underline{M}$ hat die einfache Form

$$\underline{M}' = j\omega \cdot \underline{M} = \underline{M} \cdot \omega \cdot e^{j\pi/2}. \tag{70}$$

Differentiation bedeutet Multiplikation mit der zeitunabhängigen Größe $j\omega$, also Multiplikation des Absolutwerts mit dem Faktor ω und Vergrößerung des Nullphasenwinkels um $\pi/2$; vgl. (10).

Im folgenden wird die Anwendung dieser Definitionen auf die Berechnung des Verhaltens von einfachen Wechselstromschaltungen erläutert. Eine *Wechselspannung* hat den reellen Momentanwert

$$u = U \cdot \cos(\omega t + \chi), \tag{71}$$

also den Absolutwert oder „Scheitelwert" U, die Frequenz f ($\omega = 2\pi f$) und den Nullphasenwinkel χ. Zur einwandfreien Definition der Nullphasenwinkel komplexer Amplituden ist es stets erforderlich, vorher eine Bezugsschwingung gleicher Frequenz festzulegen, der man den Nullphasenwinkel 0 zuschreibt. Man muß also den Nullpunkt der Zeit so festlegen, daß diese Bezugsschwingung wie in Abb. 8, Kurve I zur Zeit t = 0 ihr Maximum hat. Die Nullphasenwinkel aller anderen Schwingungen werden dann wie in Abb. 8 aus der zeitlichen Verschiebung gegenüber dieser Bezugsschwingung entnommen. Der komplexe Momentanwert der Wechselspannung (71) lautet nach (52)

$$\underline{u} = U \cdot e^{j(\omega t + \chi)} = U \cdot e^{j\chi} \cdot e^{j\omega t} = \underline{U} \cdot e^{j\omega t} \tag{72}$$

und die komplexe Amplitude nach (53)

$$\underline{U} = U \cdot e^{j\chi}. \tag{73}$$

Ein *Wechselstrom* hat den reellen Momentanwert

$$i = I \cdot \cos(\omega t + \psi), \tag{74}$$

also den Absolutwert oder „Scheitelwert" I und den Nullphasenwinkel ψ, den komplexen Momentanwert

$$\underline{i} = I \cdot e^{j(\omega t + \psi)} = I \cdot e^{j\psi} \cdot e^{j\omega t} = \underline{I}\, e^{j\omega t}, \tag{75}$$

sowie die komplexe Amplitude

$$\underline{I} = I \cdot e^{j\psi}. \tag{76}$$

II,2. Komplexe Operatoren

Wenn man zwei komplexe Amplituden $\underline{M}_1 = M_1 \cdot e^{j\psi_1}$ und $\underline{M}_2 = M_2 \cdot e^{j\psi_2}$ dividiert und ein sinnvolles physikalisches Ergebnis haben will, so darf man nicht vergessen, daß jede komplexe Amplitude durch den Faktor $e^{j\omega t}$ ergänzt zu denken ist, der also bei der Division verschwindet. Man dividiert streng genommen die zugehörigen komplexen Momentanwerte, erhält jedoch das gleiche Ergebnis wie bei Amplituden, weil sich $e^{j\omega t}$ sowieso aufhebt:

$$\frac{\underline{m}_1}{\underline{m}_2} = \frac{\underline{M}_1 \cdot e^{j\omega t}}{\underline{M}_2 \cdot e^{j\omega t}} = \frac{\underline{M}_1}{\underline{M}_2} = \frac{M_1}{M_2}\, e^{j(\psi_1 - \psi_2)} = \underline{Z}. \tag{77}$$

Man benutzt dabei (33). Das Ergebnis ist eine zeitunabhängige komplexe Größe $\underline{Z}$ von besonderer Art, die als „Operator" bezeichnet wird. Man muß diese dritte Gruppe von komplexen Zahlen $\underline{Z}$ sehr wohl von den beiden anderen Gruppen, den komplexen Momentanwerten $\underline{m}$ und den komplexen Amplituden $\underline{M}$, unterscheiden. Beispielsweise wäre es falsch, die Zahlen der Gruppe $\underline{Z}$ etwa durch den Faktor $e^{j\omega t}$ ergänzt zu denken, wie man es bei komplexen Amplituden gewohnt ist. $\underline{Z}$ stellt also keine komplexe Beschreibung eines Schwingungsvorgangs dar. Die physikalische Bedeutung der komplexen Zahl

$$\underline{Z} = |\,Z\,| \cdot e^{j\varphi} = \frac{M_1}{M_2}\, e^{j(\psi_1 - \psi_2)} \tag{78}$$

ist folgende: Ihr Absolutwert $|\,Z\,|$ gibt das Verhältnis M_1/M_2 der Absolutwerte zweier komplexer Amplituden, d. h. zweier Schwingungen gleicher Frequenz, und ihre Phase φ die Differenz der Nullphasenwinkel der beiden komplexen Amplituden. Diese Vielzahl inhaltlich verschiedenartiger, aber äußerlich gleichartiger komplexer Zahlen in der komplexen Rechenmethode verwirrt oft den Anfänger, muß daher sehr genau beachtet und mit dem zugehörigen physikalischen Sinn erfüllt werden.

Dimensionslose Operatoren. Die komplexe Zahl $\underline{Z}$ kann beispielsweise den Quotienten zweier Spannungen $\underline{U}_1$ und $\underline{U}_2$ beschreiben.

$$\underline{U}_1 = U_1 \cdot e^{j\chi_1};\; \underline{U}_2 = U_2 \cdot e^{j\chi_2}; \tag{79}$$

$$\frac{\underline{U}_1}{\underline{U}_2} = \frac{U_1}{U_2} \cdot e^{j(\chi_1 - \chi_2)} = \underline{a} = a \cdot e^{j\alpha}. \tag{80}$$

$$a = \frac{U_1}{U_2};\; \alpha = \chi_1 - \chi_2 . \tag{81}$$

Der Absolutwert a beschreibt den Quotienten der beiden Scheitelwerte, die Phase α die Differenz der beiden Phasenwinkel. $\underline{a}$ ist eine dimensionslose Zahl. Beispiel: $\underline{A}_{11}$ in Gl. (366) und (441).

Es kommen auch Quotienten zweier Ströme $\underline{I}_1$ und $\underline{I}_2$ vor.

$$\underline{I}_1 = I_1 \cdot e^{j\psi_1}; \; \underline{I}_2 = I_2 \cdot e^{j\psi_2}; \tag{82}$$

$$\frac{\underline{I}_1}{\underline{I}_2} = \frac{I_1}{I_2} \cdot e^{j(\psi_1 - \psi_2)} = \underline{b} = b \cdot e^{j\beta}. \tag{83}$$

$$b = \frac{I_1}{I_2}; \; \beta = \psi_1 - \psi_2. \tag{84}$$

Der Absolutwert b beschreibt den Quotienten der beiden Scheitelwerte, die Phase β die Differenz der beiden Phasenwinkel. $\underline{b}$ ist eine dimensionale Zahl. Beispiel: $\underline{A}_{22}$ in Gl. (362) und (444).

Aus (80), bzw. (83) folgt

$$\underline{U}_1 = \underline{a}\,\underline{U}_2; \; \underline{I}_1 = \underline{b}\,\underline{I}_2. \tag{85}$$

Nach (27) wird

$$U_1 = a\,U_2; \; I_1 = b\,I_2; \tag{86}$$

$$\chi_1 = \alpha + \chi_2; \; \psi_1 = \beta + \psi_2. \tag{87}$$

Multipliziert man eine gegebene Spannung $\underline{U}_2$ (bzw. Strom $\underline{I}_2$) mit dem Operator $\underline{a}$ (bzw. $\underline{b}$), so entsteht eine neue Wechselspannung gleicher Frequenz $\underline{U}_1$ (bzw. Strom $\underline{I}_1$), deren Scheitelwert nach (86) um den Faktor a (bzw. b) verändert und deren Phasenwinkel um den Winkel α (bzw. β) nach (87) geändert ist.

Der Begriff des komplexen Widerstandes (Impedanz): Ein Widerstand R ist bei Gleichstrom durch das Ohmsche Gesetz $u = i \cdot R$ definiert.

$$R = \frac{u}{i}. \tag{88}$$

Ein Widerstand, für den auch bei Wechselstrom in jedem Zeitpunkt dieses Gesetz gilt, für den also die reellen Momentanwerte von Strom und Spannung in jedem Zeitpunkt proportional sind, ist ein Sonderfall und soll als *reeller Widerstand* R bezeichnet werden. Bei gegebenem Momentanwert i des Wechselstroms nach (74) lautet dann der reelle Momentanwert (71) der Spannung

$$u = i\,R = I\,R \cdot \cos(\omega t + \psi); \; U = I\,R; \; \chi = \psi. \tag{89}$$

Strom und Spannung sind phasengleich.

Wenn eine Wechselstromschaltung neben solchen reellen Widerständen auch Induktivitäten und Kapazitäten enthält, sind der Nullphasenwinkel χ der Spannung an einem solchen Gebilde und der Nullphasenwinkel ψ des Stromes durch eine derartige Kombination *verschieden*. Der Quotient der reellen Momentanspannung u nach (71) und des reellen Momentanstromes i nach (74) ist dann abhängig von t, und das für alle Berechnungen so wichtige Ohmsche Gesetz besteht nicht mehr. Von einem „Widerstand" solcher Gebilde kann also im ursprünglichen physikalischen Sinn nicht mehr gesprochen werden. Um ein neues Gesetz zu schaffen, das dem Ohmschen Gesetz formal gleicht und bei Wechselstrom die gleichen Berechnungen wie bei Gleichstrom gestattet, führt man den Begriff des komplexen Widerstandes $\underline{Z}$ ein. Der *komplexe Widerstand* $\underline{Z}$ (auch „Impedanz" genannt) ist der nach (78) berechnete Quotient der komplexen Amplituden der Spannung und des Stromes.

$$\underline{Z} = \frac{\underline{U}}{\underline{I}} = \frac{U}{I}\, e^{j(\chi - \psi)} = |Z| \cdot e^{j\varphi};\;\; \underline{U} = \underline{I}\,\underline{Z};\;\; \underline{I} = \frac{\underline{U}}{\underline{Z}}. \tag{90}$$

Dieses Gesetz enspricht formal dem Ohmschen Gesetz. Der Absolutwert $|Z|$ des komplexen Widerstandes ist gleich dem Quotienten der Scheitelwerte von Spannung und Strom. Für die Scheitelwerte U und I gelten die dem Ohmschen Gesetz entsprechenden Gleichungen.

$$|Z| = \frac{U}{I};\;\; U = |Z| \cdot I;\;\; I = \frac{U}{|Z|}. \tag{91}$$

Der Absolutwert $|Z|$ wird auch als „Scheinwiderstand" bezeichnet. Die Phase φ des $\underline{Z}$ gibt die Phasenwinkeldifferenz von Spannung und Strom an.

$$\varphi = \chi - \psi. \tag{92}$$

Wenn man zu gegebenem $\underline{I}$ das komplexe $\underline{U}$ durch $\underline{U} = \underline{Z} \cdot \underline{I}$ berechnen will, so ist dies die in (67) beschriebene Multiplikation einer komplexen Amplitude mit einer zeitunabhängigen komplexen Zahl. Die Gleichung $\underline{I} = \underline{U}/\underline{Z}$ ist entsprechend eine Division nach (68).

Man kann $\underline{Z}$ auch durch seine rechtwinkligen Koordinaten darstellen:

$$\underline{Z} = R + jX. \tag{93}$$

R nennt man die Wirkkomponente (Wirkwiderstand, Resistanz), X die Blindkomponente (Blindwiderstand, Reaktanz). Näheres zu diesen Bezeichnungen in Abschn. II,3. Es gelten die Umrechnungsformeln (19) bis (21) nach Abb. 2:

$$R = |Z| \cdot \cos\varphi;\;\; X = |Z| \cdot \sin\varphi; \tag{94}$$

$$|Z| = \sqrt{R^2 + X^2};\quad \tan\varphi = \frac{X}{R}. \tag{95}$$

Der Begriff des komplexen Leitwerts (Admittanz): Der Leitwert ist bei Gleichstrom der Reziprokwert eines Widerstandes und der komplexe Leitwert

$\underline{Y}$ wird demnach als der Reziprokwert eines komplexen Widerstandes $\underline{Z}$ nach (90) definiert:

$$\underline{Y} = \frac{1}{\underline{Z}} = \frac{1}{|Z| \cdot e^{j\varphi}} = \frac{\underline{I}}{\underline{U}} = \frac{I}{U} e^{j(\psi - \chi)} = |Y| \cdot e^{j\vartheta}. \quad (96)$$

$\underline{Y}$ ist der Quotient der komplexen Amplituden von Strom und Spannung. Nach (32) ist

$$\frac{I}{U} = |Y| = \frac{1}{|Z|};\ \vartheta = -\varphi = \psi - \chi. \quad (97)$$

Sein Absolutwert $|Y|$ ist gleich dem Quotienten der Absolutwerte von Strom und Spannung, seine Phase ϑ die Differenz der Nullphasenwinkel von Strom und Spannung. Seine rechtwinkligen Koordinaten lauten

$$\underline{Y} = G + j\,B. \quad (98)$$

G nennt man die Wirkkomponente (Wirkleitwert, Konduktanz), B die Blindkomponente (Blindleitwert, Suszeptanz) und $|Y|$ den Scheinleitwert. Näheres über diese Bezeichnungen in II,3. Es gelten die Umrechnungsformeln (19) bis (21) nach Abb. 2:

$$G = |Y| \cdot \cos\vartheta;\ B = |Y| \cdot \sin\vartheta; \quad (99)$$

$$|Y| = \sqrt{G^2 + B^2};\ \tan\vartheta = \frac{B}{G}. \quad (100)$$

Die Berechnung der Komponenten G und B eines Leitwerts aus den Komponenten R und X eines gegebenen Widerstandes und umgekehrt wird in III,3 behandelt. Aus (97) folgen die wichtigen Berechnungsformeln, die als Ohmsches Gesetz für Leitwerte bezeichnet werden können.

$$\underline{I} = \underline{Y} \cdot \underline{U};\ \underline{U} = \frac{\underline{I}}{\underline{Y}}. \quad (101)$$

Zur Multiplikation und Division der komplexen Amplituden $\underline{I}$ und $\underline{U}$ mit zeitunabhängigen komplexen Zahlen $\underline{Y}$ vergleiche man (67) und (68).

Wenn die Scheitelwerte des Stromes in Ampere und der Spannung in Volt angegeben werden, nennt man die zugehörige Einheit des Leitwerts 1 Siemens, abgekürzt S. Ein Gebilde mit dem Leitwert 1 S besitzt den Widerstand 1 Ω.

Zahlenbeispiele: 1. Durch den Leitwert $\underline{Y}$ fließt ein Strom $\underline{I} = 0{,}7 \cdot e^{j0{,}3}$ A. An ihm liegt eine Spannung $\underline{U} = 22 \cdot e^{j1{,}5}$ V. Dann ist der Leitwert nach (96) $\underline{Y} = \underline{I}/\underline{U} = 0{,}032 \cdot e^{-j1{,}2}$ S. Seine Wirkkomponente beträgt nach (99) $G = 0{,}032 \cdot \cos(-1{,}2) = 0{,}012$ S, seine Blindkomponente $B = 0{,}032 \cdot \sin(-1{,}2) = -0{,}03$ S.

2. An dem Leitwert $\underline{Y} = 0{,}8 + j0{,}5$ S liegt eine komplexe Spannung $\underline{U} = 6 \cdot e^{j0,5}$ V. Gesucht ist die Amplitude $\underline{I}$ des Stromes durch den Leitwert. Man berechnet die Polarkoordinaten des Leitwerts nach (100) $|Y| = \sqrt{0{,}8^2 + 0{,}5^2} = 0{,}94$ S und $\vartheta = \arctan(0{,}5/08) = 0{,}56$; nach (101) ist dann $\underline{I} = \underline{U} \cdot \underline{Y} = 5{,}6 \cdot e^{j1,06}$ A.

3. Durch den Leitwert $\underline{Y} = 0{,}94 \cdot e^{j1,05}$ S fließt der Strom $\underline{I} = 6 \cdot e^{-j0,6}$ A. Nach (101) liegt dann an ihm die komplexe Spannung $\underline{U} = \underline{I}/\underline{Y} = 6{,}4 \cdot e^{-j1,65}$ V.

II,3. Wirkleistung, Blindleistung, Scheinleistung

Liegt bei Gleichstrom an einem Widerstand R die konstante Spannung u, und fließt durch ihn der konstante Strom i, so wird dem Widerstand die Leistung

$$P_w = u \cdot i = i^2 \cdot R = \frac{u^2}{R} \tag{102}$$

zugeführt. Die während eines Zeitraums Δt dem Widerstand zugeführte Energie beträgt $\Delta W = P_w \cdot \Delta t = u \cdot i \cdot \Delta t$. Rechnet man mit dem Leitwert $G = 1/R$, so wird

$$P_w = i^2/G = u^2 \cdot G. \tag{103}$$

Wenn der Strom ein Wechselstrom, also zeitlich veränderlich ist, versagen diese Formeln. Man kann aber auch dann noch die Formel für die zugeführte Energie für die Momentanwerte i und u in der Form $\Delta W = u \cdot i \cdot \Delta t$ näherungsweise anwenden, wenn man den Zeitraum Δt so kurz wählt, daß i und u innerhalb dieses Zeitraums näherungsweise als konstant angesehen werden können. Je kleiner Δt ist, desto genauer ist diese Annahme erfüllt. ΔW ändert sich also laufend in Abhängigkeit von der Zeit. Die Leistung ist der Quotient der zugeführten Energie und der Zeitdauer der Energiezufuhr.

$$P_t = \frac{\Delta W}{\Delta t} = u \cdot i \tag{104}$$

nennt man den Augenblickwert der Leistung. Als mittlere Leistung oder Wirkleistung P_w bezeichnet man die in einer Periode zugeführte Energie dividiert durch die Periodendauer.

Wirkleistung bei Wechselstrom: Es wird angenommen, daß ein reeller Widerstand vorliegt. Ein reeller Widerstand R ist nach (89) dadurch gekennzeichnet, daß für ihn in jedem Zeitpunkt das Ohmsche Gesetz gilt. Hat der Strom den reellen Momentanwert $i = I \cdot \cos(\omega t + \psi)$, so beträgt der reelle Momentanwert der Spannung an dem Widerstand $u = I \cdot R \cdot \cos(\omega t + \psi)$. Strom und

Spannung sind phasengleich. Nach (104) ist der Augenblickswert (Momentanwert) der Leistung

$$P_t = u \cdot i = U \cdot I \cdot \cos^2(\omega t + \psi). \tag{105}$$

Nach einer trigonometrischen Formel ist allgemein

$$2\cos^2\alpha = 1 + \cos 2\alpha. \tag{106}$$

Das Produkt $u \cdot i$ aus (105) kann man also auch in folgender Weise darstellen:

$$u \cdot i = \frac{1}{2} U \cdot I + \frac{1}{2} U \cdot I \cdot \cos 2(\omega t + \psi). \tag{107}$$

Die Kurve $u \cdot i$ pendelt nach einer cos-Funktion um die Gerade $\frac{1}{2} U \cdot I$. Der zweite Teil der Summe hat den Mittelwert Null, und die gesuchte mittlere Leistung P_w ist

$$P_w = \frac{1}{2} U \cdot I. \tag{108}$$

Mit $R = U/I$ wird aus (108)

$$P_w = \frac{1}{2} I^2 \cdot R = \frac{1}{2} \frac{U^2}{R} = \frac{1}{2} U^2 \cdot G, \tag{109}$$

wenn $G = 1/R$ der Leitwert ist. Man vergleiche die entsprechende Gleichstromformel (102). Der zeitlich veränderliche Wechselstrom mit der reellen Amplitude I (Scheitelwert) erzeugt an einem reellen Widerstand R die gleiche Leistung wie ein Gleichstrom $i = I/\sqrt{2}$; die Größe $I/\sqrt{2}$ bezeichnet man als den Effektivwert I_{eff} des Wechselstroms. Ebenso verhält sich eine Wechselspannung mit dem Scheitelwert U leistungsmäßig wie eine Gleichspannung $u = U/\sqrt{2}$. Die Größe $U/\sqrt{2}$ nennt man daher den Effektivwert U_{eff} der Wechselspannung. Für reelle Widerstände gilt also $P_w = U_{eff} \cdot I_{eff} = I_{eff}^2 \cdot R$ ähnlich (102).

Der Begriff der Blindleistung: Als zweites einfaches Beispiel sei ein komplexer Widerstand mit der Phase $\pi/2$ betrachtet. Nach (10) und (90) ist dann $\underline{Z} = |Z| \cdot e^{j\pi/2} = jX$. Ein solcher Widerstand ist ein imaginärer Widerstand. Zwischen Spannung und Strom besteht eine Phasendifferenz von $\pi/2$. An dem Widerstand liegt eine Spannung mit dem Momentanwert $u = U \cdot \cos(\omega t + \chi)$. Durch ihn fließt dann nach (92) und (46) ein um $-\pi/2$ nacheilender Strom mit dem Momentanwert $i = I \cdot \sin(\omega t + \chi)$. Die momentane Leistung ist nach (104)

$$P_t = u\, i = U\, I \cos(\omega t + \chi) \cdot \sin(\omega t + \chi) = \frac{1}{2} U\, I \sin 2(\omega t + \chi). \tag{110}$$

Die Kurven u, i und u i zeigt Abb. 12. Wenn u i positiv ist, geht Energie in den Widerstand hinein. Wenn u i negativ ist, kommt diese Energie wieder

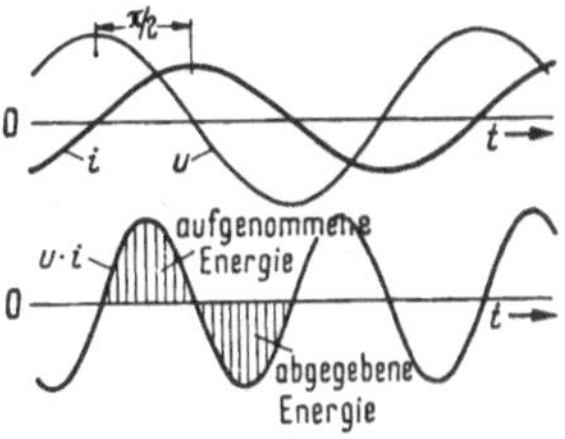

Abb. 12. Zeitlicher Verlauf von Strom, Spannung und Momentanleistung bei einem induktiven Blindwiderstand

heraus. Im zeitlichen Mittel ist die Leistung Null. Der Widerstand jX wirkt als Energiespeicher, nicht als Energieverbraucher. Man nennt ihn einen Blindwiderstand, und zwar einen positiven Blindwiderstand, wenn X positiv ist und die Spannung dem Strom voreilt. Beim negativen Blindwiderstand ist X negativ, und die Spannung eilt dem Strom um $\pi/2$ nach.

Die Energiebewegung im Blindwiderstand beschreibt man rein formal in Analogie zu (108) und (109) durch die Blindleistung

$$P_B = \frac{1}{2} U I = \frac{1}{2} I^2 X = \frac{1}{2} \frac{U^2}{X} = -\frac{1}{2} U^2 B \tag{111}$$

wenn $B = -1/X$ der Blindleitwert aus (98) ist; vgl. (31).

P_B ist eine rein formale Größe ohne wirkliche physikalische Bedeutung. In manchen Fällen kann man sie für Rechenzwecke gut verwenden; z. B. (185) und (192). Die Blindleistung kann verschiedenes Vorzeichen haben, weil es positive und negative X gibt.

Wirkleistung in einem komplexen Widerstand:

Man kann jeden komplexen Widerstand $\underline{Z} = R + jX$ nach (93) als Serienschaltung eines Wirkwiderstandes R und eines Blindwiderstandes jX auffassen, was sich bei zahlreichen praktischen Anwendungen als sehr nützlich erweist. Abb. 13 zeigt eine solche Konfiguration mit den zugehörigen komplexen Zeigern. Zwischen den $\underline{U}$ und $\underline{I}$ liegt der Winkel φ der Impedanz $\underline{Z} = |\underline{Z}| \cdot e^{j\varphi}$ nach (90).

Wird dieses $\underline{Z}$ von einem Strom der komplexen Amplitude $\underline{I}$ durchflossen, so entsteht Wirkleistung nur an dem Wirkwiderstand R nach (109), während die Blindkomponente jX bei gegebenem Strom ohne Einfluß auf die Wirkleistung ist. Nach (94) ist $R = |\underline{Z}| \cdot \cos\varphi$ und nach (91) $U = |\underline{Z}| \cdot I$, also

$$P_w = \frac{1}{2} I^2 \cdot R = I_{eff}^2 \cdot R$$

$$= \frac{1}{2} U \cdot I \cdot \cos\varphi = U_{eff} \cdot I_{eff} \cdot \cos\varphi, \tag{112}$$

wobei U die Spannung am *ganzen* Widerstand $\underline{Z}$ ist. Bei gegebenem U und I nimmt also die Wirkleistung mit wachsendem φ, d. h. mit wachsender Phasendifferenz $(\chi - \psi)$ zwischen Spannung und Strom ab. Die Wirkleistung ist unabhängig davon, ob der Widerstand $\underline{Z}$ eine positive oder negative Phase φ hat, denn $\cos\varphi$ und $\cos(-\varphi)$ sind gleich.

An dem in Serie zu R liegenden Blindwiderstand jX der Abb. 13 entsteht eine Blindleistung nach (111), die wegen $X = |Z| \cdot \sin\varphi$ und $U = |Z| \cdot I$

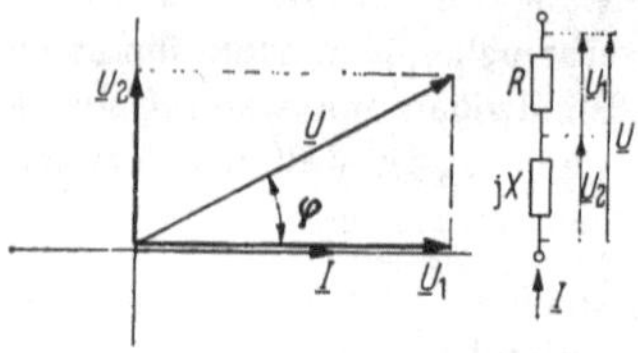

Abb. 13. Serienschaltung von Wirk- und Blindwiderstand

$$P_B = \frac{1}{2} I^2 \cdot X = I_{eff}^2 \cdot X = \frac{1}{2} U \cdot I \cdot \sin\varphi = U_{eff} \cdot I_{eff} \cdot \sin\varphi \tag{113}$$

ist.

Die komplexe Zahl

$$\begin{aligned}\underline{P}_S = P_W + jP_B &= \frac{1}{2} I^2 (R + jX) = \frac{1}{2} I^2 \cdot \underline{Z} \\ &= \frac{1}{2} U \cdot I \cdot (\cos\varphi + j\sin\varphi) = \frac{1}{2} U \cdot I \cdot e^{j\varphi}\end{aligned} \tag{114}$$

bezeichnet man als die komplexe Scheinleistung. Auch dies ist eine formale Definition ohne eigentlichen physikalischen Inhalt.

Da bei Gleichstrom die Leistung das Produkt von Strom und Spannung ist, kann man auch bei Wechselstrom eine komplexe Leistung als Produkt der komplexen Amplituden von Strom und Spannung definieren, wobei man wegen der Verwendung von Scheitelwerten den Faktor $^1/_2$ zufügt. Dieses Produkt

$$\frac{1}{2} \underline{U} \cdot \underline{I} = \frac{1}{2} U \cdot I \cdot e^{j(\chi + \psi)} \tag{115}$$

unterscheidet sich jedoch von der in (114) definierten komplexen Scheinleistung dadurch, daß in (114) $\varphi = \chi - \psi$ und in (115) statt dessen $\chi + \psi$ steht. Wenn man die komplexe Scheinleistung (114) aus den komplexen Amplituden berechnen will, so muß man die Formel

$$\underline{P}_S = \frac{1}{2} \underline{U} \cdot \underline{I}^* = \frac{1}{2} U\, I\, e^{j(\chi - \psi)} \tag{116}$$

verwenden, in der $\underline{I}^*$ der konjugiert komplexe Wert des Stromes ist, also

$$\underline{I}^* = I \cdot e^{-j\psi}. \tag{117}$$

Die konjugiert komplexe Große $\underline{I}^*$ hat den gleichen Absolutwert, aber entgegengesetztes Vorzeichen der Phase.

Der Absolutwert der komplexen Scheinleistung, der oft einfach als „Scheinleistung" bezeichnet wird,

$$\begin{aligned} P &= \sqrt{P_W^2 + P_B^2} = \frac{1}{2} U \cdot I \\ &= \frac{1}{2} I^2 \cdot \sqrt{R^2 + X^2} = I_{eff} \cdot U_{eff} \end{aligned} \tag{118}$$

ist die sinnvolle Verallgemeinerung der Gleichstromformel (102) für beliebige Verbraucher bei Wechselstrom, hat aber keine unmittelbare physikalische Bedeutung. In manchen Rechnungen verwendet man die Scheinleistung, um eine rein formale Vereinfachung der Schreibweise der Gleichungen zu erreichen.

Alles, was Blindleistung und Scheinleistung betrifft, sind gedankliche Konstruktionen ohne physikalische Realität, die man deshalb auch nicht suchen sollte. Die einzige Leistungsberechnung nach der komplexen Methode, die ein reales Ergebnis hat, verwendet die Formel (49) für die Momentanwerte von Spannung und Strom:

$$\begin{aligned} u &= U \cdot \cos(\omega t + \chi) \\ &= \frac{1}{2} U \left[e^{j(\omega t + \chi)} + e^{-j(\omega t + \chi)}\right] \\ &= \frac{1}{2} \underline{U} \cdot e^{j\omega t} + \frac{1}{2} \underline{U}^* \cdot e^{-j\omega t}, \end{aligned} \tag{119}$$

$$\begin{aligned} i &= I \cdot \cos(\omega t + \psi) \\ &= \frac{1}{2} I \left[e^{j(\omega t + \psi)} + e^{-j(\omega t + \psi)}\right] \\ &= \frac{1}{2} \underline{I} \cdot e^{j\omega t} + \frac{1}{2} \underline{I}^* \cdot e^{-j\omega t}, \end{aligned} \tag{120}$$

wobei $\underline{U}^*$, bzw. $\underline{I}^*$ die konjugiert komplexen Werte von $\underline{U}$, bzw. $\underline{I}$ sind; vgl. (117). Bildet man nach (104) die momentane Leistung

$$\begin{aligned} u\, i &= \frac{1}{4} (\underline{U}\, \underline{I}^* + \underline{U}^*\, \underline{I}) \\ &\quad + \frac{1}{4} (\underline{U}\, \underline{I} \cdot e^{j2\omega t} + \underline{U}^*\, \underline{I}^* \cdot e^{-j2\omega t}), \end{aligned} \tag{121}$$

so enthält diese ein zeitunabhängiges Glied, das unter Verwendung von (16) die Wirkleistung (112) ergibt.

$$P_W = \frac{1}{4}(\underline{U}\,\underline{I}^* + \underline{U}^*\,\underline{I}) = \frac{1}{4}\,U\,I\,(e^{j(\chi-\psi)} + e^{-j(\chi-\psi)})$$
$$= \frac{1}{2}\,U\,I \cdot \cos(\chi - \psi) = \frac{1}{2}\,U\,I\cos\varphi \tag{122}$$

mit φ aus (92). Das zeitabhängige Glied in (121) ist identisch mit dem zeitabhängigen Glied in (110) und repräsentiert den Blindvorgang. Man sieht, daß es unter Einbeziehung der konjugiert komplexen Werte eine Fülle von Möglichkeiten gibt, Produkte komplexer Spannungs- und Stromamplituden zu bilden. Viele dieser Produkte sind bei formalen Rechnungen gebräuchlich, ohne immer eine echte physikalische Bedeutung zu besitzen.

Negative Widerstände: Beim Arbeiten mit Halbleitern oder Elektronenröhren können auch *negative Widerstände* auftreten. Es ist dann $\underline{Z} = -R$. Physikalisch bedeutet dies nach (10) und (77) eine Phasendifferenz $\varphi = \pi$ zwischen Spannung und Strom mit den Momentanwerten $i = I \cdot \cos(\omega t + \psi)$, $u = -U \cdot \cos(\omega t + \psi)$. Die Leistung ist nach (112) wegen $\cos\varphi = -1$ negativ:

$$P_W = -\frac{1}{2}\,U \cdot I = -\frac{1}{2}\,I^2 \cdot R. \tag{123}$$

Es wird keine Leistung verbraucht, sondern Leistung erzeugt, wenn man einen Strom durch einen solchen Widerstand schickt. Das $u \cdot i$ verläuft ganz im Negativen.

II,4. Induktive und kapazitive Blindwiderstände

Induktive Blindwiderstände: Der Vorgang der Selbstinduktion wird als bekannt vorausgesetzt. Der Selbstinduktionskoeffizient L, auch kurz Induktivität genannt, wird im technischen Maßsystem in Henry (abgekürzt H) gemessen. Es wird nur eine „ideale" Induktivität betrachtet, die von allen Nebenerscheinungen frei ist. Wenn diese von einem Strom mit dem Momentanwert i durchflossen wird, der zeitlich veränderlich ist, entsteht an ihr durch Induktion eine Spannung mit dem Momentanwert u, die sich bei einer idealen Induktivität nach dem Gesetz $u = L \cdot di/dt$ berechnet. Eine ideale Induktivität speichert in dem durch den Strom erzeugten magnetischen Feld magnetische Feldenergie, nimmt bei wachsendem Strom Energie auf und gibt sie beim Abnehmen des Stromes vollständig wieder ab. Wenn der Strom ein Wechselstrom mit dem reellen Momentanwert $i = I \cdot \cos(\omega t + \psi)$ ist, so ist das zugehörige

$$u = L \cdot \frac{di}{dt} = -\omega LI \cdot \sin(\omega t + \psi)$$

$$= \omega LI \cdot \cos(\omega t + \psi + \frac{\pi}{2}) \qquad (124)$$

eine Wechselspannung, die dem Strom nach (47) um $\pi/2$ voreilt. Die zugehörigen komplexen Momentanwerte lauten nach (69)

$$\underline{u} = L \cdot \frac{d\underline{i}}{dt} = j\omega L \cdot \underline{i} \qquad (125)$$

und die komplexen Amplituden nach (70)

$$\underline{U} = j\omega L \cdot \underline{I}. \qquad (126)$$

Der komplexe Widerstand beträgt nach (90) und (10)

$$\underline{Z} = \frac{\underline{U}}{\underline{I}} = j\omega L = jX_L = \omega L \cdot e^{j\pi/2}. \qquad (127)$$

Die ideale Induktivität ist also das einfachste Beispiel eines Blindwiderstandes mit der Phase $\varphi = \pi/2$. Wenn das Gebilde ein rein magnetischer Energiespeicher ist, wächst sein Blindwiderstand X_L proportional zur Frequenz. Wenn L in H und die Frequenz f in Hz gegeben ist, erhält man mit $\omega = 2\pi f$ den Blindwiderstand X_L nach (127) in Ω. Die Einheit H ist unterteilt in Millihenry (mH), Mikrohenry (μH) und Nanohenry (nH).

$$1\ \text{H} = 10^3\ \text{mH} = 10^6\ \mu\text{H} = 10^9\ \text{nH}. \qquad (128)$$

Bei höheren Frequenzen gibt man Frequenzen an in Kilohertz (kHz), Megahertz (MHz) und Gigahertz (GHz).

$$1\ \text{Hz} = 10^{-3}\ \text{kHz} = 10^{-6}\ \text{MHz} = 10^{-9}\ \text{GHz}. \qquad (129)$$

Man erhält aus (127) den Blindwiderstand zahlenmäßig in Ω, wenn man einsetzt:

L in mH und f in kHz
L in μH und f in MHz
L in nH und f in GHz.

Abb. 14a zeigt den Verlauf von X_L für einige Werte von L in interessierenden Frequenzbereichen. Der *Leitwert* einer Induktivität ist nach (31) negativ imaginär:

$$\underline{Y}_L = \frac{1}{\underline{Z}_L} = \frac{1}{\omega L} e^{-j\pi/2} = -j \frac{1}{\omega L} = jB_L. \qquad (130)$$

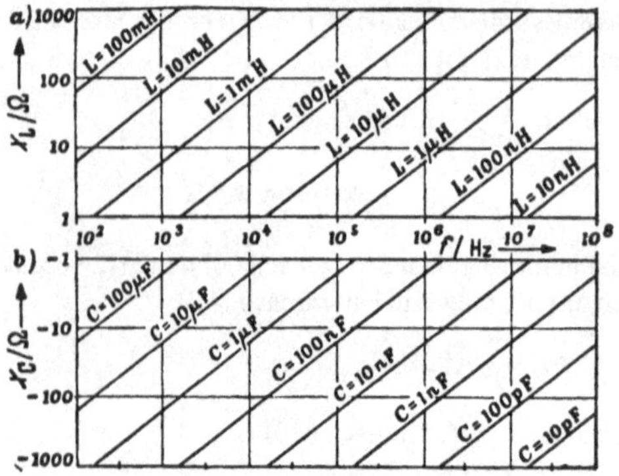

Abb. 14. Der Blindwiderstand von Induktivitäten (a) und Kapazitäten (b)

Kapazitive Blindwiderstände. Der Begriff einer Kapazität wird als bekannt vorausgesetzt. Sie wird im technischen Maßsystem in Farad (abgekürzt F) gemessen; kleinere Einheiten: Millifarad (mF), Mikrofarad (µF), Nanofarad (nF), Pikofarad (pF).

$$1\ \mathrm{F} = 10^3\ \mathrm{mF} = 10^6\ \mu\mathrm{F} = 10^9\ \mathrm{nF} = 10^{12}\ \mathrm{pF}. \tag{131}$$

Es wird eine ideale Kapazität C betrachtet, die von allen Nebenerscheinungen frei ist. Liegt an ihr eine Spannung u, so enthält sie die Ladung $q = C \cdot u$ und speichert elektrische Energie. Wenn sich u ändert, so muß ein Strom i fließen, der die Ladung und die gespeicherte Energie entsprechend verändert. In die Kapazität fließt ein Strom nach dem Gesetz

$$i = \frac{dq}{dt} = C \cdot \frac{du}{dt}. \tag{132}$$

Diese Gleichung und die aus ihr abgeleitete Gl. (136) ist charakteristisch für einen Energiespeicher auf rein elektrischer Grundlage, der als „ideale" Kapazität bezeichnet werden soll. Liegt an der Kapazität eine Wechselspannung mit dem reellen Momentanwert $u = U \cdot \cos(\omega t + \chi)$, so muß der zugehörige Strom

$$i = C \cdot \frac{du}{dt} = -\omega C \cdot U \cdot \sin(\omega t + \chi) \tag{133}$$

lauten und der komplexe Momentanwert nach (69)

$$\underline{i} = C \cdot \frac{d\underline{u}}{dt} = j\omega C \cdot \underline{u} \tag{134}$$

und die komplexen Amplituden nach (70)

$$\underline{I} = j\omega C \cdot \underline{U} = \omega C \cdot \underline{U} \cdot e^{j\pi/2}. \tag{135}$$

Der Strom eilt der Spannung um $\pi/2$ voraus. Nach (96) und (98) ist dann der *Leitwert* der idealen Kapazität

$$\underline{Y}_C = \frac{\underline{I}}{\underline{U}} = j\omega C = jB_C \tag{136}$$

ein positiver Blindleitwert. Wenn C in F und die Frequenz f in Hz gegeben sind, erhält man mit $\omega = 2\pi f$ aus (136) den Blindleitwert B_C der Kapazität in S.

Der *Widerstand einer idealen Kapazität* ist nach (31) negativ imaginär:

$$\underline{Z}_C = \frac{1}{\underline{Y}_C} = -j\frac{1}{\omega C} = jX_C = \frac{1}{\omega C}\, e^{-j\pi/2}. \tag{137}$$

Die ideale Kapazität ist das einfachste Beispiel eines Blindwiderstandes mit der Phase $(-\pi/2)$. Der Blindwiderstand eines elektrischen Energiespeichers ändert sich im Gegensatz zum magnetischen Energiespeicher umgekehrt proportional zur Frequenz. Abb. 14b gibt einen Überblick über den Verlauf der Werte X_C für verschiedene Größen des C in einem größeren Frequenzbereich.

III. Kombinationen komplexer Widerstände

III,1. Serienschaltung und Parallelschaltung

Die Serienschaltung zweier komplexer Widerstände $\underline{Z}_1$ und $\underline{Z}_2$ (Abb. 15) zeigt folgendes Verhalten: Durch die Widerstände fließt ein Strom der kom-

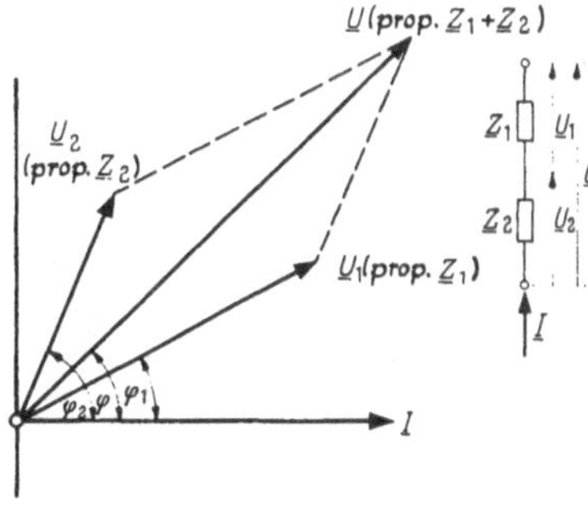

Abb. 15. Serienschaltung zweier komplexer Widerstände

plexen Amplitude $\underline{I}$. An $\underline{Z}_1$ erzeugt dieses $\underline{I}$ nach (90) eine Spannung der komplexen Amplitude $\underline{U}_1 = \underline{I} \cdot \underline{Z}_1$, an $\underline{Z}_2$ eine Spannung der komplexen Amplitude $\underline{U}_2 = \underline{I} \cdot \underline{Z}_2$. Nach (60) liegt dann am gesamten Widerstand eine Spannung der komplexen Amplitude $\underline{U} = \underline{U}_1 + \underline{U}_2$. Nach (90) beträgt also der komplexe Widerstand der Serienschaltung

$$\underline{Z} = \frac{\underline{U}}{\underline{I}} = \frac{\underline{U}_1 + \underline{U}_2}{\underline{I}} = \underline{Z}_1 + \underline{Z}_2; \tag{138}$$

$$\underline{Z}_1 = |Z_1| \cdot e^{j\varphi_1} = R_1 + jX_1; \tag{139}$$

$$\underline{Z}_2 = |Z_2| \cdot e^{j\varphi_2} = R_2 + jX_2; \tag{140}$$

$$\underline{Z} = |Z| \cdot e^{j\varphi} = R + jX; \tag{141}$$

$$R = R_1 + R_2; \quad X = X_1 + X_2. \tag{142}$$

Die Serienschaltung zweier Widerstände als Addition der beiden komplexen Teilwiderstände entspricht formal dem bekannten Gleichstromgesetz. Der physikalische Inhalt der Formel ist hier jedoch komplizierter.

Die Addition der komplexen Zahlen $\underline{Z}_1$ und $\underline{Z}_2$ erfolgt wie in Abb. 3. Aus Abb. 15 kann man die Lage der komplexen Zeiger $\underline{U}$, $\underline{U}_1$, $\underline{U}_2$ und $\underline{I}$ gegeneinander entnehmen. Legt man den Zeiger $\underline{I}$ entlang der reellen Achse, so ist $\underline{I} = I$ mit dem Phasenwinkel 0 die Bezugsschwingung. Dann hat der Zeiger $\underline{U}_1 = \underline{Z}_1 \cdot \underline{I} = |Z_1| \cdot |I| \cdot e^{j\varphi_1}$ die gleiche Richtung wie $\underline{Z}_1$, der Zeiger $\underline{U}_2$ die gleiche Richtung wie $\underline{Z}_2$, der Zeiger $\underline{U}$ die gleiche Richtung wie die Summe $\underline{Z}_1 + \underline{Z}_2$. Eine Skizze, in der diese Zeiger zur Festlegung ihrer Lage wie in Abb. 15 eingezeichnet sind, nennt man das „Zeigerdiagramm" der Schaltung.

Bei Serienschaltung ist es zweckmäßig, die Konstruktion des Zeigerdiagramms mit dem für beide Widerstände gemeinsamen Strom zu beginnen.

Parallelschaltung zweier komplexer Widerstände $\underline{Z}_1$ und $\underline{Z}_2$ (Abb. 16): An den Widerständen liegt eine Spannung der komplexen Amplitude $\underline{U}$. Durch $\underline{Z}_1$ fließt dann ein Strom der komplexen Amplitude $\underline{I}_1 = \underline{U}/\underline{Z}_1$, durch $\underline{Z}_2$ ein Strom der komplexen Amplitude $\underline{I}_2 = \underline{U}/\underline{Z}_2$, durch den ganzen Wider-

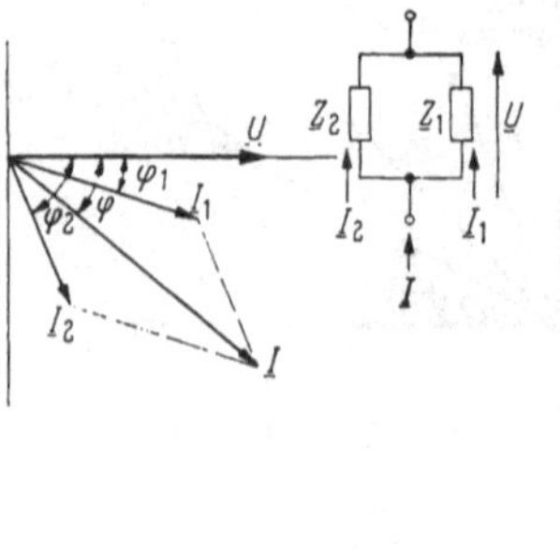

Abb. 16. Parallelschaltung zweier komplexer Widerstände

stand ein Strom der komplexen Amplitude $\underline{I} = \underline{I}_1 + \underline{I}_2$. Nach (90) beträgt also der durch Parallelschaltung entstandene Gesamtwiderstand

$$\underline{Z} = \frac{\underline{U}}{\underline{I}} = \frac{\underline{U}}{\underline{I}_1 + \underline{I}_2} = \frac{1}{\frac{1}{\underline{Z}_1} + \frac{1}{\underline{Z}_2}} = \frac{\underline{Z}_1 \underline{Z}_2}{\underline{Z}_1 + \underline{Z}_2} \tag{143}$$

formal dem Gleichstromgesetz entsprechend.

Wenn man das Zeigerdiagramm der Parallelschaltung zeichnen will, wählt man wie in Abb. 16 die Spannung $\underline{U}$ als Bezugsspannung. $\underline{U} = U$ liegt dann auf der reellen Achse. Bezeichnet man die Widerstände wie in (139) bis (141), so wird

$$\underline{I}_1 = \frac{U}{|Z_1|} \cdot e^{-j\varphi_1}; \tag{144}$$

$$\underline{I}_2 = \frac{U}{|Z_2|} \cdot e^{-j\varphi_2}; \tag{145}$$

$$\underline{I} = \frac{U}{|Z|} \cdot e^{-j\varphi}. \tag{146}$$

Diese Stromzeiger zeigt Abb. 16. Die Zeiger $\underline{I}_1$ und $\underline{I}_2$ addiert man zur Summe $\underline{I}$ wie in Abb. 3.

Die zahlenmäßige Auswertung der Gleichung (143) für komplexe Widerstände führt zu Rechnungen von erheblichem Umfang. Wenn die Widerstände $\underline{Z}_1$ und $\underline{Z}_2$ durch Wirk- und Blindkomponente gegeben sind, berechnen sich Wirk- und Blindkomponente des $\underline{Z}$ nach (24), (27) und (33) in folgender Weise:

$\underline{Z}_1 = R_1 + jX_1$; $\underline{Z}_2 = R_2 + jX_2$; $\underline{Z} = R + jX$;

$$\begin{aligned}\underline{Z} &= \frac{\underline{Z}_1 \cdot \underline{Z}_2}{\underline{Z}_1 + \underline{Z}_2} = \frac{(R_1 + jX_1)(R_2 + jX_2)}{(R_1 + jX_1) + (R_2 + jX_2)} \\ &= \frac{[(R_1 R_2 - X_1 X_2) + j(X_1 R_2 + X_2 R_1)]\,[(R_1 + R_2) - j(X_1 + X_2)]}{(R_1 + R_2)^2 + (X_1 + X_2)^2}.\end{aligned} \tag{147}$$

Die Wirkkomponente der Parallelschaltung lautet

$$R = \frac{R_1 (R_2^2 + X_2^2) + R_2 (R_1^2 + X_1^2)}{(R_1 + R_2)^2 + (X_1 + X_2)^2}, \tag{148}$$

die Blindkomponente:

$$X = \frac{X_1 (R_2^2 + X_2^2) + X_2 (R_1^2 + X_1^2)}{(R_1 + R_2)^2 + (X_1 + X_2)^2}. \tag{149}$$

Auch für Polarkoordinaten erhält man keine wesentlich einfacheren Formeln. Wenn bereits dieser einfache Schaltungsvorgang zu derartig unübersichtlichen Formeln führt, so ist leicht einzusehen, daß dann kompliziertere Schaltungen überhaupt nicht mehr rechnerisch zu beherrschen sind. Es besteht daher die Notwendigkeit, weitere Methoden zu entwickeln, die das Berechnen der Schaltungen im Fall der Parallelschaltung vereinfachen. Diesem Zwecke dient der Begriff des Leitwerts zusammen mit dem in III,4 entwickelten Kreisdiagramm. Leitwerte kennt man auch bei Gleichstromschaltungen. Sie werden dort jedoch nur selten benutzt, weil die Formel (143) bei Gleichstrom noch recht einfach ist. Seine fundamentale Bedeutung gewinnt dieser Begriff erst bei Wechselstromschaltungen, wo er ein unentbehrlicher Bestandteil der komplexen Rechenmethode ist.

Der Widerstand $\underline{Z}_1$ ist nach (96) ein komplexer Leitwert

$$\underline{Y}_1 = \frac{1}{\underline{Z}_1} = G_1 + jB_1\,, \tag{150}$$

der Widerstand $\underline{Z}_2$ ein Leitwert

$$\underline{Y}_2 = \frac{1}{\underline{Z}_2} = G_2 + jB_2\,. \tag{150a}$$

Nach Abb. 16 liegt an den Leitwerten eine gemeinsame Spannung der komplexen Amplitude $\underline{U}$. Durch $\underline{Y}_1$ fließt nach (101) ein Strom mit der komplexen Amplitude $\underline{I}_1 = \underline{Y}_1 \cdot \underline{U}$, durch $\underline{Y}_2$ ein Strom mit der komplexen Amplitude $\underline{I}_2 = \underline{Y}_2 \cdot U$, durch den gesamten Leitwert $\underline{Y}$ also ein Strom mit der komplexen Amplitude

$$\underline{I} = \underline{I}_1 + \underline{I}_2 = \underline{Y}\,\underline{U} \tag{151}$$

wobei

$$\underline{Y} = \frac{1}{\underline{Z}} = G + jB \tag{152}$$

der Gesamtleitwert der Parallelschaltung ist.

Es ist

$$\frac{\underline{I}_1}{\underline{I}_2} = \frac{\underline{Y}_1}{\underline{Y}_2} = \frac{\underline{Z}_2}{\underline{Z}_1}; \tag{153}$$

$$\underline{I}_1 = \underline{I} \cdot \frac{\underline{Y}_1}{\underline{Y}}; \; \underline{I}_2 = \underline{I} \cdot \frac{\underline{Y}_2}{\underline{Y}} \tag{154}$$

wie bei Gleichstrom. Nach (151) und (154) ist dann der Gesamtleitwert

$$\underline{Y} = \frac{\underline{I}}{\underline{U}} = \frac{\underline{I}_1 + \underline{I}_2}{\underline{U}} = \underline{Y}_1 + \underline{Y}_2\,; \tag{155}$$

$$G = G_1 + G_2\,; \; B = B_1 + B_2\,. \tag{156}$$

Diese einfachen Formeln treten an die Stelle von (148) und (149), wenn man Leitwerte verwendet.

Die Addition der komplexen Zahlen $\underline{Y}_1$ und $\underline{Y}_2$ erfolgt wie in Abb. 3. In Abb. 16 ist der Zeiger $\underline{I}_1$ dem $\underline{Y}_1$ proportional, der Zeiger $\underline{I}_2$ dem $\underline{Y}_2$ und der Zeiger $\underline{I}$ dem $\underline{Y}$.

III,2. Kombination von Wirkwiderstand und Blindwiderstand

Abb. 13 zeigt die Serienschaltung eines Wirkwiderstandes R und eines Blindwiderstandes jX zum komplexen Widerstand $\underline{Z} = R + jX$, ebenso das Zeigerdiagramm für Strom und Spannungen, die Gesamtspannung $\underline{U}$ und die Teilspannungen $\underline{U}_1$ an R und $\underline{U}_2$ an jX für den Fall eines positiven (induktiven) Blindwiderstandes. $\underline{U}_1$ liegt auf der reellen Achse, der Zeiger $\underline{U}_2$ senkrecht dazu auf der imaginären Achse. Es gelten folgende Gleichungen:

$$\underline{U}_1 = R \cdot \underline{I};\ \underline{U}_2 = jX \cdot \underline{I};\ \underline{U} = (R + jX)\, I \tag{157}$$

$$U = \sqrt{U_1^2 + U_2^2} = I \cdot \sqrt{R^2 + X^2};\ I = \frac{U}{\sqrt{R^2 + X^2}} = \frac{U}{|Z|}. \tag{158}$$

Wenn die Spannung U am Gesamtwiderstand R + jX gegeben ist, werden die Scheitelwerte

$$U_1 = I \cdot R = \frac{U \cdot R}{\sqrt{R^2 + X^2}}, \tag{159}$$

$$U_2 = I \cdot |X| = \frac{U \cdot |X|}{\sqrt{R^2 + X^2}}. \tag{160}$$

Die Phasendifferenz zwischen $\underline{U}$ und $\underline{U}_1$ berechnet man aus

$$\tan \varphi = \frac{X}{R}. \tag{161}$$

Für die Serienschaltung eines Wirkwiderstandes R und eines negativen (kapazitiven) Blindwiderstandes ist X negativ, daher φ negativ. Der Zeiger $\underline{U}_2$ würde dann in Abb. 13 senkrecht nach unten zeigen.

In Abb. 17 ist die Parallelschaltung eines Wirkleitwerts G und eines Blindleitwerts jB dargestellt, und zwar das Zeigerdiagramm für positives B. Es fließt

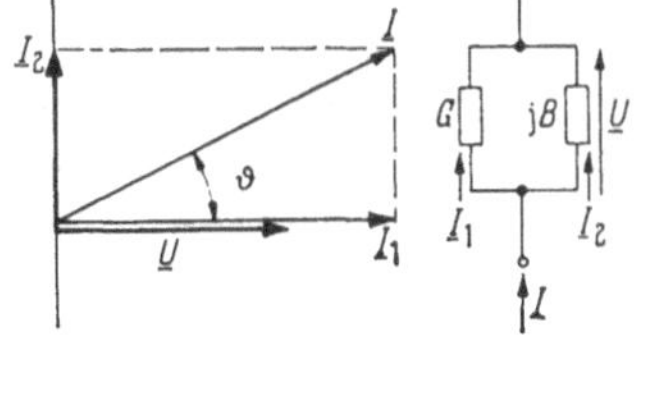

Abb. 17. Parallelschaltung von Wirk- und Blindleitwert

ein Strom $\underline{I}$ durch die Parallelschaltung, ein Strom $\underline{I}_1$ durch G und ein Strom $\underline{I}_2$ durch jB. Legt man den Zeiger $\underline{U}$ als Bezugsschwingung auf die reelle Achse, also $\underline{U} = U$, so wird $\underline{I}_1 = \underline{U} \cdot G = U \cdot G$ und $\underline{I}_2 = \underline{U} \cdot jB = U \cdot B \cdot e^{j\pi/2}$. Dann liegt der Zeiger $\underline{I}_1$ parallel zu $\underline{U}$ auf der reellen Achse, der Zeiger $\underline{I}_2$ senkrecht dazu auf der imaginären Achse. Es gelten folgende Gleichungen:

$$I = \sqrt{I_1^2 + I_2^2} = U\sqrt{G^2 + B^2}; \tag{162}$$

$$U = \frac{I}{\sqrt{G^2 + B^2}}. \tag{163}$$

Die Berechnung der Ströme und der Spannung dieser Schaltung, wenn einer der Ströme oder die Spannung gegeben ist, wird mit Hilfe der angegebenen Formeln sehr einfach. Insbesondere wird, wenn der Gesamtstrom I gegeben ist,

$$I_1 = U \cdot G = \frac{I \cdot G}{\sqrt{G^2 + B^2}}, \tag{164}$$

$$I_2 = U \cdot |B| = \frac{I \cdot |B|}{\sqrt{G^2 + B^2}}. \tag{165}$$

Die Phasendifferenz ϑ zwischen den Strömen $\underline{I}$ und $\underline{I}_1$ berechnet man aus

$$\tan \vartheta = \frac{B}{G}. \tag{166}$$

Sie ist gleich der Phase ϑ des durch die Parallelschaltung entstandenen Gesamtleitwerts $Y = G + jB$ nach (100). Das Zeigerdiagramm der Abb. 17 beschreibt den Fall des positiven B, d. h. einer Kapazität nach (136). Falls dem Wirkleitwert G eine Induktivität parallelgeschaltet ist, wird nach (130) B negativ, und der Zeiger $\underline{I}_2$ würde in Abb. 17 senkrecht nach unten zeigen.

Die Umrechnung Widerstand–Leitwert. Widerstand $\underline{Z}$ und Leitwert $\underline{Y}$ sind zwei verschiedene Darstellungsformeln des Verhaltens des gleichen Gegenstandes. Wenn man das Prinzip verfolgen will, jeweils die zur Lösung einer Aufgabe günstigste Form der komplexen Größen zu benutzen, wird man im Rahmen größerer Aufgaben mehrfach die Darstellung wechseln müssen. Man wird z. B. teilweise mit Wirk- und Blindwiderstand rechnen, teilweise aber auf die Leitwertdarstellung übergehen wollen. Dieser Übergang erfordert stets eine gewisse Rechenarbeit, die sehr häufig zu leisten ist. Wenn man die Vorteile des Leitwertbegriffs voll ausnutzen will, muß dieser Übergang in eine möglichst einfache Form gebracht werden, damit nicht die durch den Leitwert ersparte Rechenarbeit durch die Arbeit des Umrechnens wieder verlorengeht.

Gegeben sei der Widerstand $\underline{Z} = R + jX$. Gesucht ist sein Leitwert $\underline{Y} = G + jB = 1/\underline{Z}$. Den Reziprokwert einer komplexen Zahl findet man in (30):

$$\underline{Y} = \frac{R - jX}{R^2 + X^2}; \; G = \frac{R}{R^2 + X^2}; \; B = -\frac{X}{R^2 + X^2} \tag{167}$$

mit den Sonderfällen für reine Wirkwiderstände ($X = 0$): $\underline{Y} = G = 1/R$. Zu beachten ist vor allem, daß die Blindkomponente beim Übergang zu Leitwerten ihr Vorzeichen ändert. Wenn der komplexe Widerstand ein Wirkwiderstand mit sehr kleiner Blindkomponente ist, kann man im Nenner von (167) X^2 neben R^2 vernachlässigen und erhält für $|X| < 0{,}1\,R$ die einfacheren Näherungsformeln

$$G = \frac{1}{R}; \; B = -\frac{X}{R^2}. \tag{168}$$

G berechnet sich also so, als ob X nicht vorhanden wäre. Wenn es sich um einen Blindwiderstand mit kleiner Wirkkomponente handelt (Abb. 21), kann man im Nenner von (167) R^2 neben X^2 vernachlässigen, und es bleibt für $R < 0{,}1\,|X|$ die Näherung

$$G = \frac{R}{X^2}; \; B = -\frac{1}{X}. \tag{169}$$

B berechnet sich dann so, als ob R nicht vorhanden wäre. Derartige, recht genaue Näherungen können bei umfangreichen Rechnungen die Formeln wesentlich vereinfachen und die Übersichtlichkeit verbessern.

Physikalisch bedeutet die Umrechnung von $\underline{Z} = R + jX$ in den Leitwert $\underline{Y} = 1/\underline{Z} = G + jB$, daß man die Serienschaltung eines Wirkwiderstandes R und eines Blindwiderstandes jX durch eine Parallelschaltung eines Wirkleitwertes G und eines Blindleitwerts jB, d. h. durch eine völlig *gleichwertige Parallelschaltung* eines Wirkwiderstandes $R_p = 1/G$ und eines Blindwiderstandes $jX_p = -j1/B$ ersetzt (Abb. 18). Gleichwertig bedeutet, daß bei gleicher Span-

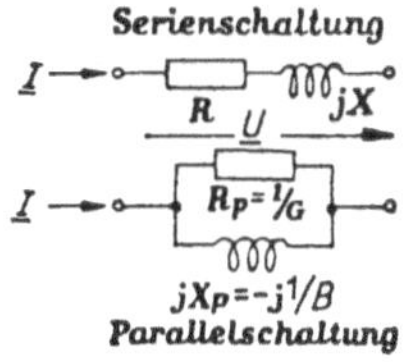

Abb. 18. Gleichwertige Serien- und Parallelschaltung

nung $\underline{U}$ der gleiche Strom $\underline{I}$ durch die jeweilige Gesamtschaltung fließt. Bei gegebenem R und X muß nach (167)

$$R_p = \frac{R^2 + X^2}{R} = R\,[1 + (\frac{X}{R})^2] = R + \frac{X^2}{R}, \tag{170}$$

$$X_p = \frac{R^2 + X^2}{X} = X\,[1 + (\frac{R}{X})^2] = X + \frac{R^2}{X} \tag{171}$$

sein. R_p ist also stets größer als R und um so größer, je größer X ist. X_p ist stets größer als X und um so größer, je größer R ist. Aus $R^2 + X^2 = |Z|^2$ nach (95) erhält man mit (170) und (171) die wichtigen Gleichungen

$$R \cdot R_p = |Z|^2; \quad X \cdot X_p = |Z|^2. \tag{172}$$

Der Absolutwert $|Z|$ ist das geometrische Mittel zwischen R und R_p sowie zwischen X und X_p. Für Wirkwiderstände R mit kleiner Blindkomponente jX bleibt nach (168) nur das erste Glied von (170) und das zweite Glied von (171):

$$R_p = R; \quad X_p = \frac{R^2}{X}; \quad X = \frac{R^2}{X_p}. \tag{173}$$

(Näherungsformel gültig für $|X| < 0{,}1\ R$ und $|X_p| > 10\ R$) Für Blindwiderstände jX mit kleiner Wirkkomponente R bleibt nach (169) nur das zweite Glied in (170) und das erste Glied in (171):

$$R_p = \frac{X^2}{R}; \quad X_p = X; \quad R = \frac{X^2}{R_p}. \tag{174}$$

(Näherungsformel gültig für $R < 0{,}1\ |X|$ und $R_p > 10\ |X|$) Die jeweilige Hauptkomponente bleibt also in diesen Sonderfällen erhalten.

Die Umrechnung nach (167) bzw. (170) und (171) läßt sich durch folgende *geometrische Konstruktion* ersetzen (Abb. 19): $\underline{Z}$ ist ein Punkt in der komplexen Zahlenebene mit den rechtwinkligen Koordinaten R und X. Man legt durch $\underline{Z}$ einen Kreis, dessen Mittelpunkt auf der reellen Achse liegt und der durch den Nullpunkt 0 geht. Der Kreis schneidet die reelle Achse in R_p, was bewiesen werden soll. Man betrachte das rechtwinklige Dreieck $0\,\underline{Z}R_p$. Die Seite $0\,\underline{Z}$ ist gleich $|Z|$. Im rechtwinkligen Dreieck muß der Satz der elementaren Geometrie gelten: Das Quadrat einer Kathete ist gleich dem Produkt der Hypotenuse und der Projektion dieser Kathete auf die Hypotenuse: $|Z|^2 = R \cdot R_p$, was in (172) bereits bewiesen wurde. Ferner legt man durch $\underline{Z}$ einen Kreis, dessen Mittelpunkt auf der imaginären Achse liegt und der durch den Nullpunkt geht. Dieser Kreis schneidet die imaginäre Achse in X_p. Der Beweis erfolgt im rechtwinkligen Dreieck $0\,\underline{Z}\,X_p$ nach dem gleichen Kathetensatz. Es muß sein: $|Z|^2 = X \cdot X_p$ wie in (172). Abb. 19 zeigt diese

Konstruktion für ein positives X. Bei negativem X erfolgt die gleiche Konstruktion unterhalb der reellen Achse. In der Zeichnung findet man die Leitwertkomponenten als Reziprokwerte $G = 1/R_p$ und $B = -1/X_p$. Die Punkte R_p, $\underline{Z}$ und X_p liegen auf einer Geraden senkrecht zum Zeiger $\underline{Z}$. Die Zusammenhänge zwischen den Polarkoordinaten von $\underline{Z}$ und $\underline{Y}$ lauten nach (97)

$$|Y| = \frac{1}{|Z|}; \quad \vartheta = -\varphi \tag{175}$$

Auch diese Werte findet man leicht aus Abb. 19, da $|Z|$ der Abstand zwischen $\underline{Z}$ und 0 ist und der Winkel φ zwischen dem Zeiger $\underline{Z}$ und der waagerechten Achse liegt.

Wenn umgekehrt der *Leitwert* $\underline{Y} = G + jB$ gegeben ist, findet man die Komponenten R und X des zugehörigen komplexen $\underline{Z} = 1/\underline{Y}$ in Analogie zu (167) als

$$R = \frac{G}{G^2 + B^2} = \frac{G}{|Y|^2}; \quad X = -\frac{B}{G^2 + B^2} = -\frac{B}{|Y|^2}. \tag{176}$$

Auch hier ist der Vorzeichenwechsel der Blindkomponente zu beachten. Wenn der Leitwert $\underline{Y}$ als Punkt in der komplexen Ebene gegeben ist (Abb. 20),

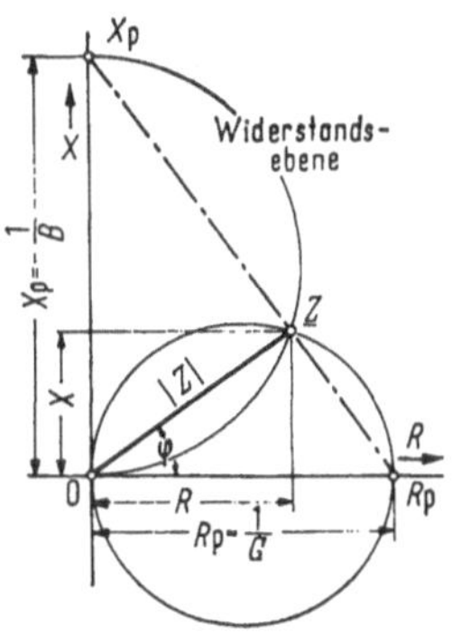

Abb. 19. Zerlegung eines komplexen Widerstandes in eine Parallelschaltung nach Abb. 18

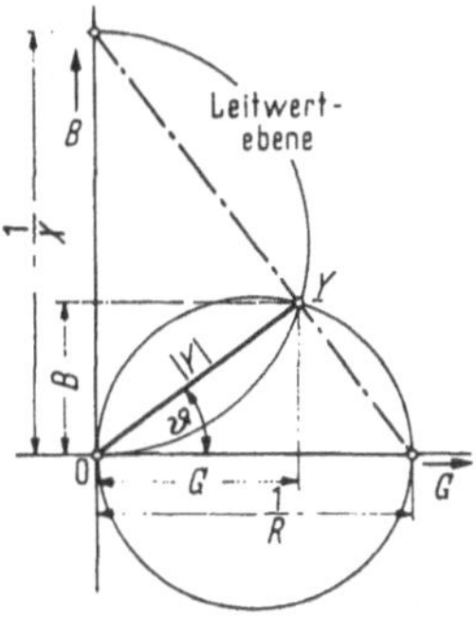

Abb. 20. Geometrische Konstruktion zur Umrechnung von Leitwert in Widerstand

kann man durch eine Konstruktion wie in Abb. 19 die Komponenten R und X sowie φ und $|Z|$ finden. Ein Diagramm, das alle diese Formeln und Beziehungen im praktischen Gebrauch leicht anzuwenden gestattet, wird in III,4 entwickelt.

Die Kreise der Abb. 19 lassen sich auch für eine einfache Lösung der folgenden Aufgabe verwenden. Gegeben ist nach Abb. 18 unten ein Wirkwiderstand R_p, dem eine Induktivität L mit dem Blindwiderstand $X_p = \omega L$ parallelgeschaltet ist. Gesucht ist der komplexe Widerstand $\underline{Z}$ dieser Parallelschaltung, d. h. die Komponenten R und X der gleichwertigen Serienschaltung nach Abb. 18 oben. Nach Abb. 19 trägt man den gegebenen Punkt R_p auf der reellen Achse und das gegebene X_p auf der imaginären Achse auf. Das gesuchte $\underline{Z}$ ist dann der Schnittpunkt der beiden gezeichneten Kreise, die durch den Nullpunkt gehen und deren Mittelpunkte auf der jeweiligen Achse liegen. Die rechtwinkligen Koordinaten des Punktes $\underline{Z}$ sind die gesuchten Komponenten R und X. Die zugehörigen Formeln erhält man durch (176), wenn man dort $G = 1/R_p$ und $B = -1/X_p$ setzt:

$$R = \frac{R_p}{1 + \left(\frac{R_p}{X_p}\right)^2}; \quad X = \frac{X_p}{1 + \left(\frac{X_p}{R_p}\right)^2}. \tag{177}$$

III,3. Verlustwinkel

Verlustwinkel einer Induktivität: Wie bei allen Vorgängen in der Natur vollzieht sich die Aufnahme und Abgabe der in einer Induktivität gespeicherten magnetischen Energie nicht ohne Leistungsverlust. D. h. jede wirkliche Induktivität nimmt auch etwas Wirkleistung auf. Dann kann die Phasendifferenz φ zwischen Spannung und Strom, d. h. die Phase φ des entstandenen komplexen Widerstandes $\underline{Z}_L$ nach (127) nicht mehr $\pi/2$ sein. φ ist immer etwas kleiner als $\pi/2$.

Abb. 21a zeigt oben den komplexen Widerstand $\underline{Z}_L$ einer wirklichen Induktivität.

$$\varphi = \frac{\pi}{2} - \delta_L. \tag{178}$$

Diesen Differenzwinkel δ_L nennt man den „Verlustwinkel". Der komplexe Widerstand $\underline{Z}_L$ einer Induktivität wird nach Abb. 21a oben durch einen Blindwiderstand jX_L und einen kleinen Verlustwiderstand R_L in Serie zu jX_L dargestellt:

$$\underline{Z}_L = R_L + j\omega L. \tag{179}$$

Solange die Verluste klein sind, kann man X_L auch jetzt nach (127) berechnen. Die Verluste des Blindwiderstandes beschreibt man durch den *Verlustfaktor* d_L der Induktivität

$$d_L = \frac{R_L}{X_L} = \frac{R_L}{\omega L}. \tag{180}$$

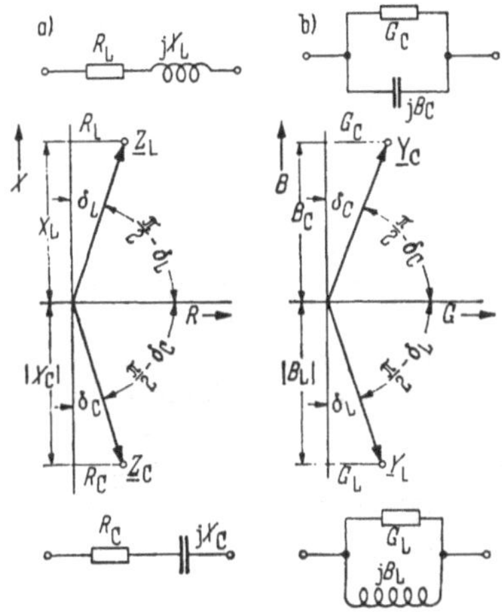

Abb. 21. Verlustwinkel

Der Zusammenhang zwischen Verlustfaktor und Verlustwinkel lautet nach Abb. 21a:

$$d_L = \tan \delta_L; \quad \delta_L = \operatorname{arc\,tan} d_L. \tag{181}$$

Den Reziprokwert des Verlustfaktors bezeichnet man als den Gütefaktor Q_L, der im allgemeinen eine große Zahl ist:

$$Q_L = \frac{1}{d_L} = \frac{\omega L}{R_L}. \tag{182}$$

Der Verlustwiderstand R_L ist nach (180)

$$R_L = d_L \cdot X_L = \frac{X_L}{Q_L}. \tag{183}$$

Der Widerstand R_L ist nur zum Teil ein physikalisch anschaulicher Widerstand, soweit er durch den tatsächlichen Widerstand des zur Spule aufgewickelten Leiters entsteht. Im übrigen ist er lediglich ein formaler *Ersatzwiderstand* zur Beschreibung der Verluste, der aus dem gemessenen Verlustfaktor nach (183) berechnet wird. Der Absolutwert des Widerstandes $\underline{Z}_L$

$$|Z_L| = \sqrt{R_L^2 + X_L^2} = X_L \sqrt{1 + d_L^2} \tag{184}$$

ist bei kleinen Werten d_L praktisch gleich X_L. Für kleine Winkel δ_L ist der Verlustfaktor $d_L = \tan \delta_L$ annähernd gleich dem Winkel δ_L im Bogenmaß.

Die von der verlustbehafteten Induktivität aufgenommene „Verlustleistung" beträgt nach (112) und (183)

$$P_W = \frac{1}{2} R_L \cdot I^2 = \frac{1}{2} d_L \cdot X_L \cdot I^2 = \frac{1}{2} d_L \cdot U \cdot I$$

$$= d_L \cdot P_B. \tag{185}$$

Die Verlustleistung, die in Wärme umgesetzt wird, ist gleich dem Produkt von Blindleistung (111) und Verlustfaktor.

Verlustwinkel einer Kapazität: Auch der Aufbau und Abbau der in einer Kapazität gespeicherten elektrischen Energie erfolgt nicht verlustlos. Jeder wirkliche Kondensator nimmt also auch Wirkleistung auf. Daher wird die Phasendifferenz φ zwischen Spannung und Strom, d. h. die Phase φ des komplexen Widerstandes $\underline{Z}_C$ der Kapazität nach (137), nicht mehr $(-\pi/2)$ sein können (Abb. 21a unten):

$$\varphi = -(\pi/2 - \delta_C). \tag{186}$$

Diesen Differenzwinkel δ_C nennt man den Verlustwinkel der Kapazität. Der komplexe Widerstand $\underline{Z}_C$ einer wirklichen Kapazität besteht aus einem sehr kleinen Verlustwiderstand R_C in Serie zu einem Blindwiderstand jX_C nach (137):

$$\underline{Z}_C = R_C - j\,\frac{1}{\omega C}. \tag{187}$$

Die Verluste des Blindwiderstandes beschreibt man durch den Verlustfaktor

$$d_C = \frac{R_C}{|X_C|} = R_C \cdot \omega C \tag{188}$$

oder durch den Gütefaktor Q_C als Reziprokwert von d_C:

$$Q_C = \frac{1}{d_C} = \frac{|X_C|}{R_C} = \frac{1}{R_C\,\omega C}. \tag{189}$$

d_C ist normalerweise eine kleine Zahl, Q_C eine große; $|X_C|$ ist der Wert von X_C ohne das negative Vorzeichen. Der Zusammenhang zwischen Verlustfaktor und Verlustwinkel lautet (Abb. 21a):

$$d_C = \tan \delta_C = \frac{R_C}{|X_C|};\ \delta_C = \operatorname{arc\,tan} \frac{R_C}{|X_C|}. \tag{190}$$

Für kleine δ_C ist der Verlustfaktor $d_C = \tan \delta_C$ dem Verlustwinkel δ_C im Bogenmaß annähernd gleich. Der Absolutwert des Widerstandes

$$|Z_C| = \sqrt{R_C^2 + X_C^2} = |X_C|\sqrt{1 + d_C^2}. \tag{191}$$

ist bei kleinem d_C nahezu gleich $|X_C|$. Die aufgenommene Wirkleistung (Verlustleistung) beträgt nach (112) und (188)

$$P_W = \frac{1}{2} R_C \cdot I^2 = \frac{1}{2} d_C \cdot |X_C| \cdot I^2 = \frac{1}{2} d_C \cdot U \cdot I$$

$$= \frac{1}{2} d_C \cdot |P_B| \tag{192}$$

und ist gleich dem Produkt der Blindleistung nach (111) und des Verlustfaktors d_C. Eine Kapazität hat ein negatives X, daher nach (111) ein negatives P_B. In (192) muß man daher den Absolutwert $|P_B|$ einsetzen.

Ursachen des kapazitiven Verlustwinkels: R_C ist kein tatsächlich vorhandener Widerstand, sondern nur ein Ersatzwiderstand zur formalen Beschreibung der Verluste. Bei Kapazitäten treten hauptsächlich dann Verluste auf, wenn zur Erhöhung der Kapazität zwischen den Leitern ein Dielektrikum liegt. Verluste in einer Kapazität können durch mangelhafte Isolation des Dielektrikums, also durch einen tatsächlichen, auch bei Gleichspannung vorhandenen Wirkleitwert parallel zur Kapazität entstehen. Im allgemeinen sind jedoch die dielektrischen Verluste so groß, daß der Leitwert der Isolation nur bei sehr niedrigen Frequenzen beachtet werden muß. Benutzt man Luft als Dielektrikum, so sind dielektrische Verluste praktisch nicht nachweisbar.

Der Verlustleitwert: Wenn man den Leitwert eines verlustbehafteten Blindwiderstandes berechnen will, so besitzt dieser ebenfalls einen Verlustwinkel. Für eine Induktivität ergibt sich nach (97) und (178) die Phase des Leitwerts $\underline{Y}_L = 1/\underline{Z}_L$

$$\vartheta = -\varphi = -\left(\frac{\pi}{2} - \delta_L\right), \tag{193}$$

für eine Kapazität nach (186) die Phase des $\underline{Y}_C = 1/\underline{Z}_C$

$$\vartheta = -\varphi = \frac{\pi}{2} - \delta_C. \tag{194}$$

Man vergleiche Abb. 21b. Die Verlustwinkel der Leitwerte sind gleich den Verlustwinkeln der Widerstände (abgesehen vom Vorzeichen der Gesamtphase ϑ). Der Leitwert besteht, solange die Verluste insgesamt klein sind, aus dem Blindleitwert jB_L nach (130) oder jB_C nach (136) und einem parallelgeschalteten Verlustleitwert G_L oder G_C:

$$\underline{Y}_L = \frac{1}{\underline{Z}_L} = G_L - j\,\frac{1}{\omega L} \quad \text{oder}\ \underline{Y}_C = \frac{1}{\underline{Z}_C} = G_C + j\omega C. \tag{195}$$

Näheres über die Umrechnung zwischen Widerstand und Leitwert in III,2, insbesondere (169).

Wegen der gleichen Verlustwinkel ist auch der Verlustfaktor der Leitwerte

$$d_L = \tan\delta_L = \frac{G_L}{|B_L|} \text{ oder } d_C = \tan\delta_C = \frac{G_C}{B_C} \tag{196}$$

der gleiche wie bei den Widerständen nach (180) oder (190). Daraus ergibt sich wie in (169)

$$R_L = \frac{G_L}{|B_L|^2} \text{ oder } R_C = \frac{G_C}{B_C^2}; \tag{197}$$

$$G_L = \frac{R_L}{X_L^2} \text{ oder } G_C = \frac{R_C}{|X_C|^2}. \tag{198}$$

Man kann also die Verluste entweder durch einen Serienwiderstand (R_L oder R_C) nach Abb. 21a oder durch einen Parallelleitwert (G_L oder G_C) nach Abb. 21b zum Blindwiderstand darstellen, wobei Serienwiderstände und Parallelleitwerte nach (197) und (198) zusammenhängen.

III,4. Kombination von komplexen Widerständen und Blindwiderständen

Kombinationen von komplexen Widerständen mit verlustarmen Blindwiderständen kommen in der Praxis häufig vor, weil man gegebene komplexe Widerstände durch Serienschaltung oder Parallelschaltung von Blindwiderständen in sehr einfacher Weise in andere komplexe Widerstandswerte transformieren kann. Zur übersichtlichen Behandlung solcher Transformationsvorgänge ist das im folgenden beschriebene Kreisdiagramm gebräuchlich.

Kreise konstanten Wirkleitwerts: Es werden die in Abb. 19 gezeichneten Kreise näher betrachtet. Zunächst der Kreis durch $\underline{Z}$, dessen Mittelpunkt auf der reellen Achse liegt (Abb. 22). Nicht nur der Punkt $\underline{Z}$ der Abb. 19, sondern auch alle anderen Punkte $\underline{Z}_n$, die auf diesem Kreis liegen, geben mit Hilfe des gleichen Kreises das gleiche R_p, aber ein verschiedenes X_p, D. h. alle diese komplexen Widerstände geben bei der Umrechnung auf Leitwerte den gleichen Wirkleitwert $G = 1/R_p$. Man nennt diesen Kreis daher einen Kreis konstanten Wirkleitwerts, kurz auch G-Kreis. Wenn man wie in Abb. 23 eine systematische Folge solcher G-Kreise zeichnet und an jeden Kreis den zugehörigen G-Wert schreibt, hat man die komplexe Widerstandsebene mit einer Kreisschar bedeckt, mit deren Hilfe man zu jedem komplexen Widerstandswert $\underline{Z}$ leicht das G finden kann. Der G-Wert jedes Kreises ist der Reziprokwert $1/R_p$ des Punktes R_p, in dem dieser Kreis die reelle Achse schneidet. Zeichnet man in Abb. 23 den zu untersuchenden Punkt $\underline{Z}$ in das Kreissystem, so findet man aus den G-Werten der beiden benachbarten Kreise durch Inter-

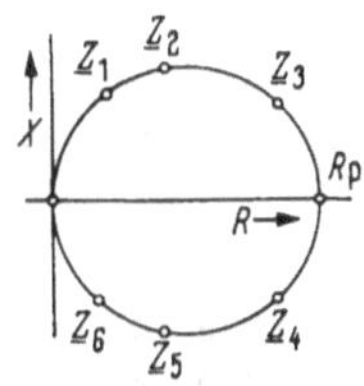

Abb. 22. Kreis konstanten Wirkleitwerts

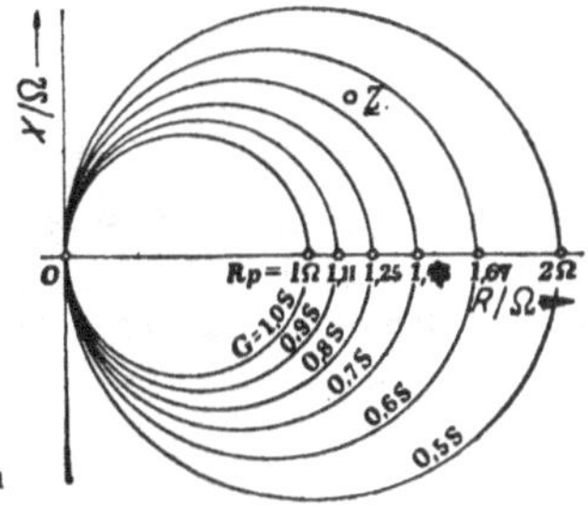

Abb. 23. Kreise konstanten Wirkleitwerts G

polation das G des Punktes $\underline{Z}$ mit einer für viele Anwendungen ausreichenden Genauigkeit (im Beispiel G = 0,67 S).

Kreise konstanten Blindleitwerts: Es wird nun der Kreis der Abb. 19 betrachtet, dessen Mittelpunkt auf der imaginären Achse liegt (Abb. 24). Nicht nur der Punkt $\underline{Z}$ der Abb. 19, sondern auch alle anderen Punkte $\underline{Z}_n$, die auf diesem Kreise liegen, geben nach der gleichen Konstruktion das gleiche X_p. D. h. alle diese komplexen Widerstände geben bei der Umrechnung auf Leitwerte den gleichen Blindleitwert $B = -1/X_p$. Man bezeichnet diesen Kreis daher auch als Kreis konstanten Blindleitwerts, kurz als B-Kreis. In Abb. 25 ist eine systematische Folge solcher B-Kreise gezeichnet und jeder Kreis mit dem betreffenden B-Wert versehen. Der B-Wert des Kreises ist der negative Reziprokwert $(-1/X_p)$ des Ortes X_p, in dem der Kreis die imaginäre Achse schneidet. Zeichnet man in Abb. 25 den gewünschten Punkt $\underline{Z}$ in das Kreissystem, so findet man aus den B-Werten der beiden benachbarten Kreise durch Inter-

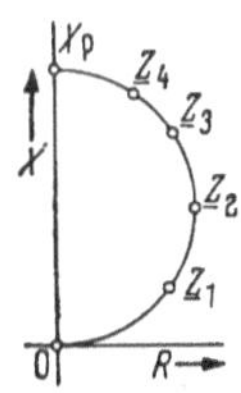

Abb. 24. Kreis konstanten Blindleitwerts

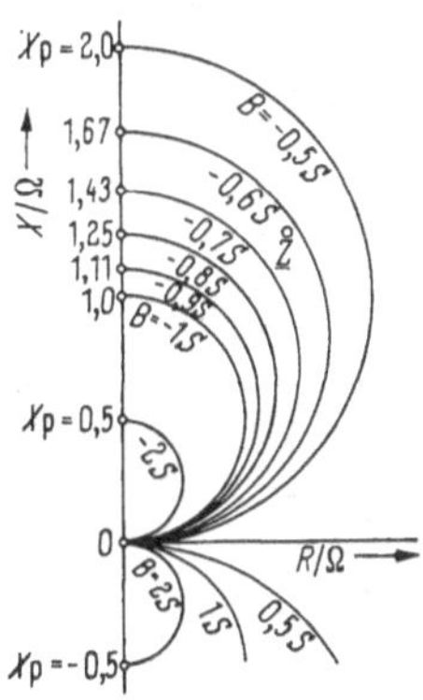

Abb. 25. Kreise konstanten Blindleitwerts B

polation das B des Punktes $\underline{Z}$ mit einer durchaus befriedigenden Genauigkeit (im Beispiel B = - 0,63 S). Die positiven B-Werte liegen unterhalb der reellen Achse, die negativen oberhalb. Die Kreise der Abb. 23 und die Kreise der Abb. 25 schneiden sich überall unter einem rechten Winkel.

Das Kreisdiagramm für Widerstände: Abb. 26 zeigt ein vollständiges Kreisdiagramm, das aus den übereinander gezeichneten Kreisscharen der Abb. 23 und 25 besteht. Man denke sich das Bild durch ein rechtwinkliges Koordinatennetz mit den Koordinaten R und X als Untergrund ergänzt. Legt man einen gegebenen komplexen Widerstand $\underline{Z}$ in das Diagramm, so kann man an dem durch $\underline{Z}$ gehenden G-Kreis seinen Wirkleitwert G und an den durch $\underline{Z}$ gehen-

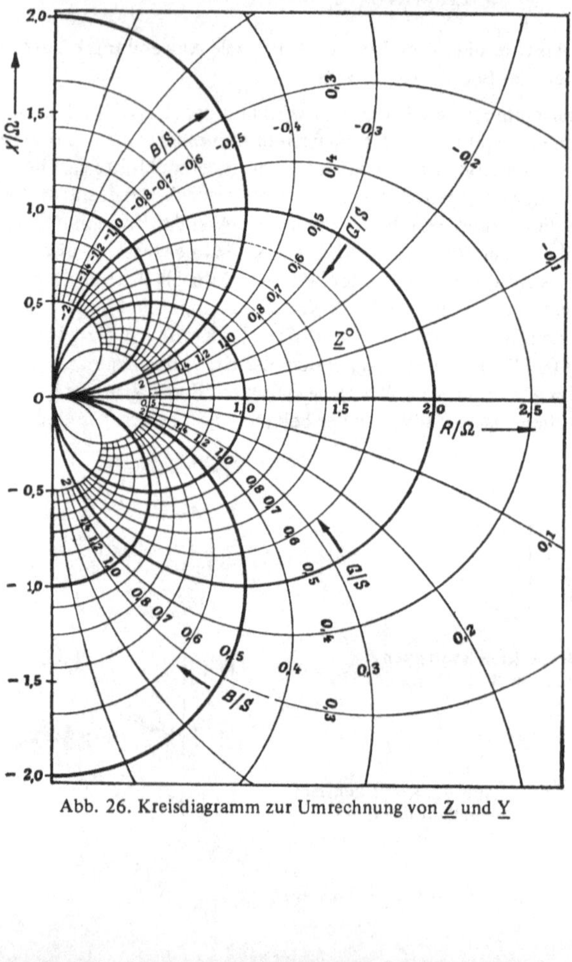

Abb. 26. Kreisdiagramm zur Umrechnung von $\underline{Z}$ und $\underline{Y}$

den B-Kreis seinen Blindleitwert B ablesen. Im Zahlenbeispiel der Abb. 26 ist $\underline{Z} = 1{,}69 + j\,0{,}46\ \Omega$; G = 0,55 S; B = – 0,15 S. Man kann mit einem so gezeichneten Diagramm stets nur in einem beschränkten Widerstandsbereich eine genügende Ablesegenauigkeit erreichen. Die Kreise häufen sich einerseits nach Abb. 23 und 25 in der Umgebung des Nullpunkts, so daß die Ablesegenauigkeit für kleine Widerstandswerte schlecht wird. In Abb. 26 sind daher auch innerhalb der Kreise G = 2 S und B = ± 2 S keine Kreise mehr gezeichnet. Ebenso werden die Kreise für kleine Leitwerte sehr groß, haben große Abstände und sind durch die begrenzte Zeichenebene nicht mehr voll zu erfassen. Abb. 26 zeigt längs der reellen Achse den Bereich von 0,5 Ω bis 2,5 Ω, längs der imaginären Achse von – j 2 Ω bis + j 2 Ω. Ein brauchbares Diagramm dieser Art wird etwa die Ausmaße 25 cm × 40 cm haben. Da es nicht schwierig ist, ein solches Diagramm zu zeichnen, kann man Diagramme für die verschiedensten Widerstandbereiche vorrätig halten.

Es ist jedoch fast immer möglich, mit einem einzigen Diagramm auszukommen. Z. B. könnte man das Diagramm der Abb. 26 ohne Änderung auch für den Bereich 5 bis 25 Ω verwenden. Man dividiert dann lediglich die Komponenten des gegebenen Widerstandes $\underline{Z}$ vorher durch 10, so daß die so dividierten Werte im Bereich des Diagramms liegen. Man darf dann nur nicht vergessen, daß die aus dem Diagramm abgelesenen G-Werte und B-Werte sich auf die dividierten Widerstandswerte beziehen und noch durch 10 dividiert werden müssen, um den Widerständen zu entsprechen, von denen man ursprünglich ausgegangen ist. Allgemein kann man alle benutzten Widerstandswerte durch eine reelle Zahl N dividieren, also mit geeignet abgeänderten komplexen Zahlen

$$\underline{z} = \frac{\underline{Z}}{N} \tag{199}$$

rechnen, um mit den Werten $\underline{z}$ in einem geeigneten Bereich des Diagramms zu bleiben. Die abgelesenen Leitwertzahlen ergeben den Leitwert $\underline{y} = 1/\underline{z} = N/\underline{Z}$ des $\underline{z}$; das gesuchte $\underline{Y}$ ist dann

$$\underline{Y} = \frac{1}{\underline{Z}} = \frac{\underline{y}}{N}. \tag{200}$$

Man darf dann also beim Endresultat nicht vergessen, das gewonnene $\underline{y}$ durch N zu dividieren, also die Zahl N wieder in der richtigen Weise zu eliminieren.

Zahlenbeispiel zur Abb. 26:

$$\underline{Z} = 169 + j\,46\ \Omega;\quad N = 100;$$

$$\underline{z} = 1{,}69 + j\,0{,}46\ \Omega;\quad \underline{y} = 0{,}55 - 0{,}15\ \mathrm{S};$$

$$\underline{Y} = \underline{y}/100 = 0{,}0055 - j\,0{,}0015\ \mathrm{S}.$$

Ein solches Diagramm kann man auch benutzen, um zu einem gegebenen Leitwert $\underline{Y}$ die Komponenten des zugehörigen Widerstandes $\underline{Z} = 1/\underline{Y}$ zu finden. Bei gegebenem G und B ist $\underline{Z}$ der Schnittpunkt der beiden zu den Werten G und B gehörenden Kreise.

Das Kreisdiagramm für Leitwerte: Die äußerliche Gleichheit der Abb. 19 und 20 gestattet es, die gleichen Kreissysteme auch in der Leitwertebene aus Abb. 20 zu entwickeln und für die Umrechnung eines gegebenen Leitwerts $\underline{Y}$ in einen Widerstand $\underline{Z}$ zu verwenden. Der Leitwert $\underline{Y}$ wird im rechtwinkligen Koordinatensystem durch G und B als Punkt festgelegt. Die früheren G-Kreise sind jetzt Kreise konstanten Wirkwiderstandes, genannt R-Kreise, weil alle Punkte $\underline{Y}$ eines solchen Kreises den gleichen Wert R ergeben. Ebenso werden die früheren B-Kreise jetzt Kreise konstanten Blindwiderstandes, genannt X-Kreise. Für einen durch seine Komponenten G und B gegebenen Leitwertpunkt $\underline{Y}$ findet man das gesuchte R und X als Parameter der beiden durch $\underline{Y}$ gehenden Diagrammkreise.

Das allgemeine Kreisdiagramm: Da ein solches Kreisdiagramm sehr umfangreiche Verwendung findet, kann man auch neutrale Bezeichnungen einführen (Abb. 27). Die Koordinate längs der reellen Achse sei mit a_1, die Koordinate längs der imaginären Achse mit a_2 bezeichnet. Das rechtwinklige Koordinatensystem dient also nach Abb. 2 zur Darstellung einer komplexen Zahl $\underline{a} = a_1 + j\,a_2$. Gesucht ist die reziproke komplexe Zahl $\underline{b} = b_1 + jb_2 = 1/\underline{a}$. Die Diagrammkreise, deren Mittelpunkte auf der reellen Achse liegen (frühere G-Kreise), haben als Parameter den Realteil b_1 des $\underline{b}$; die Diagrammkreise, deren Mittelpunkte auf der imaginären Achse liegen (frühere B-Kreise), haben als Parameter den Imaginärteil b_2 des $\underline{b}$.

Dabei ist nach Abb. 22 und 26 das b_1 der Reziprokwert desjenigen Wertes a_1, in dem der Kreis die reelle Achse schneidet. Ferner ist b_2 der negative Reziprokwert desjenigen Wertes a_2, in dem der betreffende Kreis die imaginäre Achse schneidet. Das Diagramm kann dann in folgender Weise benutzt werden: 1. im Originalbereich zur Berechnung des Leitwerts $\underline{Y}$ aus $\underline{Z}$; 2. in beliebigen Bereichen mit Reduktionsfaktor N zur Berechnung eines Leitwerts $\underline{Y}$ aus $\underline{Z}$ auf dem Umweg über $\underline{z} = \underline{Z}/N$ und $\underline{Y} = \underline{y}/N$; 3. im Originalbereich zur Berechnung des Widerstandes $\underline{Z}$ aus gegebenen $\underline{Y}$; 4. in beliebigen Bereichen mit Reduktionsfaktor N zur Berechnung des Widerstandes $\underline{Z}$ aus $\underline{Y}$ auf dem Umweg über $\underline{y} = \underline{Y} \cdot N$ und $\underline{Z} = \underline{z} \cdot N$. Die Bedeutung der einzelnen Koordinaten bei diesen Aufgaben gibt die folgende Tabelle an:

	Gegeben			Ins Diagramm		
	komplex	reell	imag.	$\underline{a}$	a_1	a_2
1.	$\underline{Z}$	R	X	$\underline{Z}$	R	X
2.	$\underline{Z}$	R	X	$\underline{z} = \underline{Z}/N$	$r = R/N$	$x = X/N$
3.	$\underline{Y}$	G	B	$\underline{Y}$	G	B
4.	$\underline{Y}$	G	B	$\underline{y} = \underline{Y} \cdot N$	$g = G \cdot N$	$b = B \cdot N$

	Aus dem Diagramm			Resultat		
	$\underline{b}$	b_1	b_2	komplex	reell	imag.
1.	$\underline{Y}$	G	B	$\underline{Y}$	G	B
2.	$\underline{y}$	g	b	$\underline{Y} = \underline{y}/N$	$G = g/N$	$B = b/N$
3.	$\underline{Z}$	R	X	$\underline{Z}$	R	X
4.	$\underline{z}$	r	x	$\underline{Z} = \underline{z} \cdot N$	$R = r \cdot N$	$X = x \cdot N$

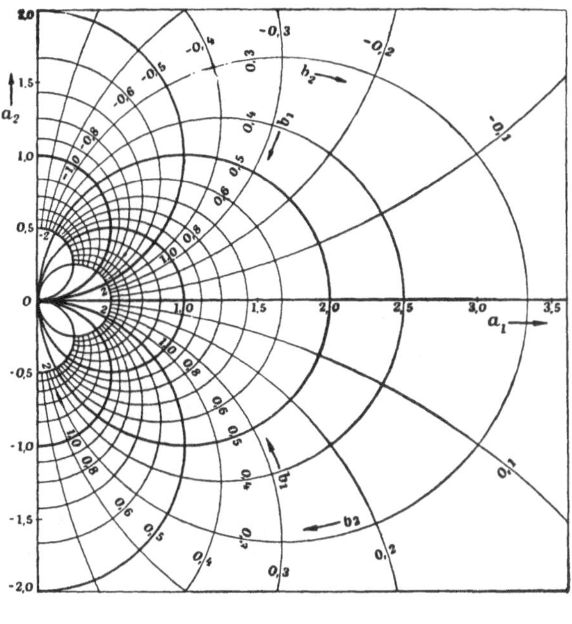

Abb. 27. Allgemeines Kreisdiagramm

Zahlenbeispiel zur Abb. 27: $\underline{a} = 1{,}15 + j\,0{,}77$. Zu diesem Punkt gehören die Parameter $b_1 = 0{,}6$ und $b_2 = -0{,}4$ der Diagrammkreise, also der Reziprokwert $\underline{b} = 0{,}6 - j\,0{,}4$. Dieser Punkt löst in den 4 Fällen die Aufgaben:

1. $\underline{Z} = 1{,}15 + j\,0{,}77\ \Omega$ ergibt $\underline{Y} = 0{,}6 - j\,0{,}4$ S.
2. $\underline{Z} = 1150 + j\,770\ \Omega$ mit N = 1000 ergibt $\underline{Y} = 0{,}0006 - j\,0{,}0004$ S.
3. $\underline{Y} = 1{,}15 + j\,0{,}77$ S ergibt $\underline{Z} = 0{,}6 - j\,0{,}4\ \Omega$.
4. $\underline{Y} = 0{,}0115 + j\,0{,}0077$ S mit N = 100 ergibt $\underline{Z} = 60 - j\,40\ \Omega$.

Ausgehend von diesen einfachen Aufgaben kann das Diagramm für eine Fülle weiterer Probleme benutzt werden, wobei es geometrisch anschauliche Zusammenhänge aufzeigt, die erfahrungsgemäß oft von Nutzen sind (vgl. Abb. 87 und 88). Dieses Diagramm ist daher für die Berechnung der Wechselstromschaltungen eines der wesentlichsten Hilfsmittel, das eingehend studiert werden sollte. Bei der praktischen Anwendung sollte man die in Abb. 27 gezeichneten Kreissysteme durch ein andersfarbiges, rechtwinkliges Koordinatennetz für die Koordinaten a_1 und a_2 als Untergrund ergänzen, um die Punkte $\underline{a}$ leicht einzeichnen zu können.

Serien- und Parallelschaltung im Kreisdiagramm. Gegeben sei ein Widerstand $\underline{Z} = 50 + j\,30\ \Omega$. Es soll die Veränderung dieses Widerstandswertes durch verschiedene elementare Schaltmaßnahmen mit Hilfe des Kreisdiagramms der Abb. 26 berechnet werden. Abb. 28 zeigt die bezifferten Schaltvorgänge und Abb. 29 die Vorgänge in der Widerstandsebene.

1. Serienschaltung eines induktiven Blindwiderstandes $jX_L = j\,30\ \Omega$. Der Punkt $\underline{Z}$ bewegt sich senkrecht nach oben nach $\underline{Z}_1 = \underline{Z} + jX_L = 50 + j\,60\ \Omega$.

2. Serienschaltung eines kapazitiven Blindwiderstandes $jX_C = -j\,25\ \Omega$. Der Punkt $\underline{Z}$ wird senkrecht nach unten nach $\underline{Z}_2 = \underline{Z} + jX_C = 50 + j\,5\ \Omega$ verschoben.

3. Serienschaltung eines Wirkwiderstandes $R_S = 25\ \Omega$. Der Punkt bewegt sich auf einer waagerechten Geraden nach $\underline{Z}_3 = \underline{Z} + R_S = 75 + j\,30\ \Omega$.

4. Parallelschaltung eines induktiven Blindwiderstandes (Abb. 28,4). Man rechnet mit Leitwerten. Den Leitwert von $\underline{Z}$ gewinnt man mit Hilfe des Diagramms der Abb. 26. Es ist G = 0,0148 S und $jB = -j\,0{,}009$ S. Den Leitwert des parallel geschalteten Blindwiderstandes $jX_L = j\,100\ \Omega$ berechnet man als $jB_L = -j \cdot 1/X_L = -j\,0{,}01$ S. Der Wirkleitwert G bleibt bei Parallelschaltung eines Blindwiderstandes erhalten. Der Punkt $\underline{Z}$ wandert also im Diagramm auf einem Kreis G = const nach $\underline{Z}_4$, und zwar gegen den Uhrzeigersinn, weil $jB_4 = j\,(B + B_L) = -j\,0{,}019$ S weiter ins Negative gewandert ist. Da der Leitwert G sich nicht ändert, braucht sein Wert nicht abgelesen zu werden.

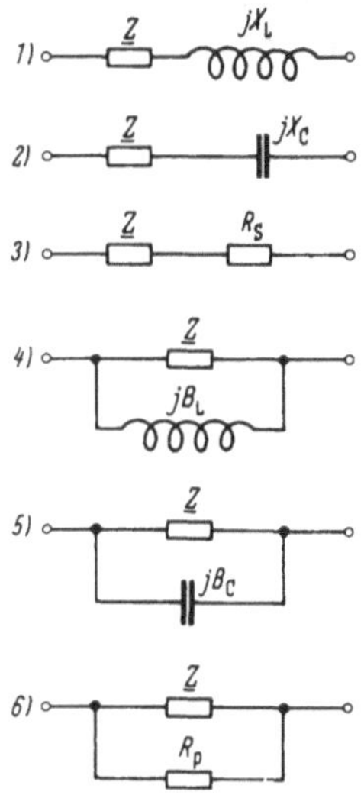

Abb. 28. Einfache Kombinationen

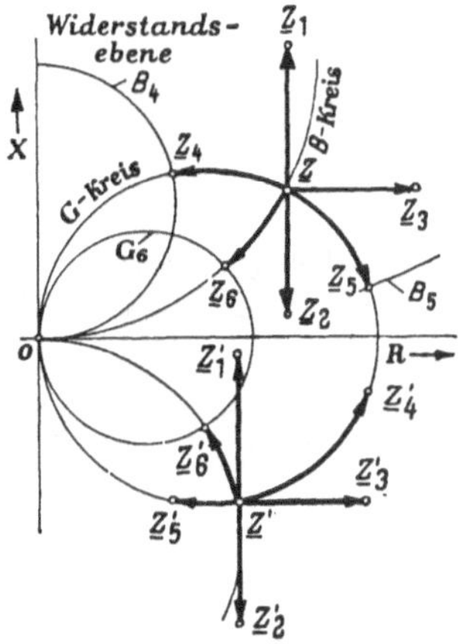

Abb. 29. Veränderung eines komplexen Widerstandes durch einfache Schaltmaßmahmen

Dagegen sucht man B, addiert B_L und findet $\underline{Z}_4$ auf dem G-Kreis dort, wo der zu B_4 gehörende B-Kreis den G-Kreis schneidet (Abb. 29).

5. Parallelschaltung eines kapazitiven Widerstandes $jX_C = -j\ 150\ \Omega$ (Abb. 28,5). Man rechnet mit Leitwerten: $jB_C = -j \cdot 1/X_C = j\ 0{,}0067$ S. $\underline{Z}$ wandert wie im Fall 4 auf einem Kreis G = const, aber im Uhrzeigersinn nach $\underline{Z}_5$ weil der Blindleitwert $jB_5 = j\,(B + B_C) = -j\ 0{,}0023$ S wegen des positiven B_C größer wird. $\underline{Z}_5$ liegt auf dem zu $\underline{Z}$ gehörenden G-Kreis dort, wo der zu B_5 gehörende B-Kreis den G-Kreis schneidet (Abb. 29).

6. Parallelschaltung eines Wirkwiderstandes $R_p = 120\ \Omega$ (Abb. 28,6). Man rechnet mit Leitwerten. Die Leitwerte des $\underline{Z}$ entnimmt man der Abb. 26 wie im Fall 4. Bei Parallelschaltung eines Wirkwiderstandes ändert sich der Blindleitwert nicht; der Wert B braucht also nicht abgelesen zu werden. $\underline{Z}$ wandert auf einem Kreis B = const nach $\underline{Z}_6$ und zwar stets in Richtung zum Nullpunkt des Koordinatensystems (Abb. 29). Der Leitwert des R_p ist $G_p = 1/R_p = 0{,}0083$ S. Der Wirkleitwert G_6 des $\underline{Z}_6$ ist die Summe $G + G_p = 0{,}023$ S. $\underline{Z}_6$ liegt auf dem zu $\underline{Z}$ gehörenden B-Kreis dort, wo der zu G_6 gehörende G-Kreis diesen B-Kreis schneidet. Abb. 29 zeigt die gleichen Schaltvorgänge auch an

einem Widerstand $\underline{Z}' = 40 - j\ 33{,}5\ \Omega$ mit kapazitiver Blindkomponente, der in die Punkte $\underline{Z}'_1$ bis $\underline{Z}'_6$ verwandelt wird.

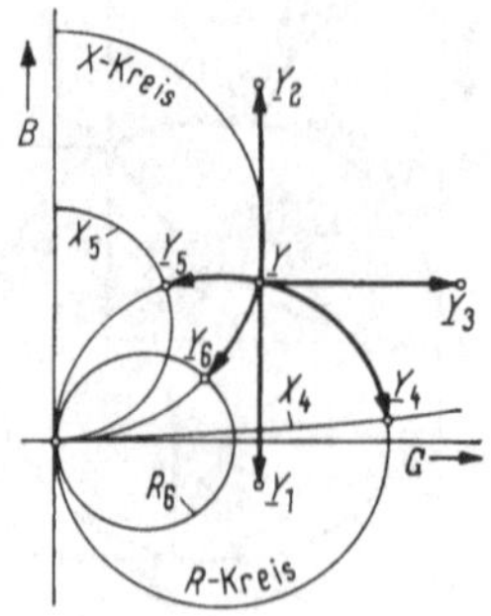

Abb. 30. Veränderung eines komplexen Leitwerts durch einfache Schaltmaßnahmen

In Abb. 30 wird gezeigt, wie man das Diagramm der Abb. 27 für Leitwerte benutzen kann. Der komplexe Leitwert $\underline{Y} = 0{,}01 + j\ 0{,}008$ S soll durch elementare Schaltvorgänge verändert werden.

1. Parallelschaltung eines induktiven Blindwiderstandes $jX_L = j\ 100\ \Omega$ bzw. Blindleitwerts $jB_L = -j \cdot 1/X_L = -j\ 0{,}01$ S (Abb. 28,4). Der Punkt $\underline{Y}$ bewegt sich senkrecht nach unten nach $\underline{Y}_1 = \underline{Y} + jB_L = 0{,}01 - j\ 0{,}002$ S.

2. Parallelschaltung eines kapazitiven Widerstandes $jX_C = -j\ 100\ \Omega$ bzw. Leitwerts $jB_C = j\ 0{,}01$ S (Abb. 28,5). Der Punkt $\underline{Y}$ bewegt sich senkrecht nach oben nach $\underline{Y}_2 = \underline{Y} + jB_C = 0{,}01 + j\ 0{,}018$ S.

3. Parallelschaltung eines Wirkwiderstandes $R_p = 100\ \Omega$, bzw. Leitwerts $G_p = 0{,}01$ S (Abb. 28,6). Der Punkt $\underline{Y}$ wandert auf einer waagerechten Geraden nach $\underline{Y}_3 = \underline{Y} + G_p = 0{,}02 + j\ 0{,}008$ S.

4. Serienschaltung eines induktiven Blindwiderstandes $jX_L = j\ 45\ \Omega$ (Abb. 28,1). Man rechnet mit Widerständen. Man benutze das Diagramm der Abb. 27 für Leitwerte (Fall 3 und 4 der zugehörigen Tabelle). Die früheren Kreise b_1 = const sind jetzt Kreise konstanten Wirkwiderstandes (R-Kreise), die früheren Kreise b_2 = const Kreise konstanten Blindwiderstandes (X-Kreise). Man entnimmt dem Diagramm die Widerstandskomponenten R und X des Punktes $\underline{Y}$ als Parameter der beiden Diagrammkreise, die durch $\underline{Y}$ gehen: $R = 61\ \Omega$; $jX = -j\ 49\ \Omega$. Bei Serienschaltung eines Blindwiderstandes wird der Wert R nicht geändert. $\underline{Y}$ wandert also auf einem R-Kreis nach $\underline{Y}_4$ (Abb. 30), und zwar im Uhrzeigersinn, weil X wächst. $\underline{Y}_4$ liegt auf dem R-Kreis dort, wo ihn der X-Kreis mit dem neuen Parameter $jX_4 = j\,(X + X_L) = -j\ 4\ \Omega$ schneidet.

5. Serienschaltung eines kapazitiven Blindwiderstandes $jX_C = -j\,40\,\Omega$ (Abb. 28,2). $\underline{Y}$ wandert wieder auf seinem R-Kreis, diesmal aber gegen den Uhrzeigersinn, weil X abnimmt. $\underline{Y}_5$ liegt auf dem R-Kreis dort, wo ihn der X-Kreis mit dem Parameter $jX_5 = j\,(X + X_C) = -j\,89\,\Omega$ schneidet (Abb. 30).

6. Serienschaltung eines Wirkwiderstandes $R_S = 50\,\Omega$ (Abb. 28,3). Diesmal bleibt der Blindwiderstand konstant. $\underline{Y}$ wandert also auf einem X-Kreis nach $\underline{Y}_6$. $\underline{Y}_6$ liegt auf dem X-Kreis dort, wo ihn der R-Kreis mit dem Parameter $R_6 = R + R_S = 111\,\Omega$ schneidet (Abb. 30).

Für den wichtigen Fall der Parallelschaltung eines komplexen Widerstandes $\underline{Z}$ und eines Blindwiderstandes jX_p nach Abb. 28,4 soll in Abb. 31 noch eine

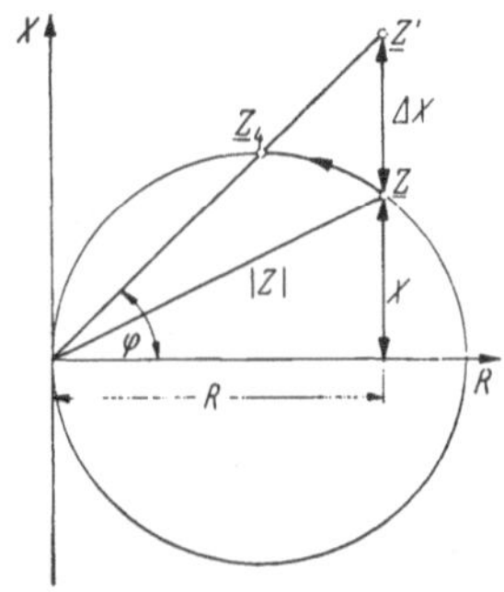

Abb. 31. Parallelschaltung eines komplexen Widerstandes und einer Induktivität

weitere geometrische Konstruktion angegeben werden. Das Ergebnis der Parallelschaltung liegt wie in Abb. 29, Fall $\underline{Z}_4$, auf dem G-Kreis durch $\underline{Z}$. Man zieht durch das gegebene $\underline{Z}$ eine Parallele zur imaginären Achse und wandert von $\underline{Z}$ senkrecht um ein Stück

$$\Delta X = \frac{R^2 + X^2}{X_p} = \frac{|\,Z\,|^2}{X_p} \tag{201}$$

zum Punkt $\underline{Z}'$ nach oben, bzw. unten. ΔX hat das gleiche Vorzeichen wie X_p. Abb. 31 zeigt als Beispiel den Fall eines positiven X_p (Parallelinduktivität). Dann liegt das gesuchte $\underline{Z}_4$ auf der Geraden von $\underline{Z}'$ zum Nullpunkt. Beweis: $\underline{Z}_4$ hat in Abb. 31 den Phasenwinkel φ, wobei

$$\tan\varphi = \frac{X + \Delta X}{R} \tag{202}$$

ist. Der Widerstand $\underline{Z}$ hat nach (167) den Leitwert

$$\underline{Y} = \frac{1}{\underline{Z}} = \frac{R}{R^2 + X^2} - j\,\frac{X}{R^2 + X^2}\,. \tag{203}$$

Der Widerstand $\underline{Z}_4$ hat nach (155) und (130) den Leitwert

$$\underline{Y}_4 = \underline{Y} - j\frac{1}{X_p} = \frac{1}{\underline{Z}_4} = \frac{R}{R^2 + X^2} - j\left(\frac{X}{R^2 + X^2} + \frac{1}{X_p}\right). \tag{204}$$

Der Leitwert $\underline{Y}_4$ hat nach (100) den Phasenwinkel ϑ, wobei

$$\tan\vartheta = -\frac{\frac{X}{R^2 + X^2} + \frac{1}{X_p}}{\frac{R}{R^2 + X^2}} = -\frac{X + \frac{R^2 + X^2}{X_p}}{R} = -\frac{X + \Delta X}{R} = -\tan\varphi \tag{205}$$

mit ΔX aus (201). Die Phasenwinkel φ aus (202) und ϑ aus (205) unterscheiden sich lediglich durch das Vorzeichen. Vgl. (175).

Wenn jX_p ein negativer Blindwiderstand ist, wird ΔX nach (201) negativ und $\underline{Z}'$ liegt unterhalb von $\underline{Z}$ wie in Abb. 32. Ist jX_p eine Parallelkapazität, so wird aus (201) nach (136)

$$\Delta X = -(R^2 + X^2) \cdot \omega C = -|Z|^2 \omega C, \tag{206}$$

und die in Abb. 29 dargestellte Verschiebung des $\underline{Z}$ nach $\underline{Z}_5$ erfolgt auf dem G-Kreis im Uhrzeigersinn.

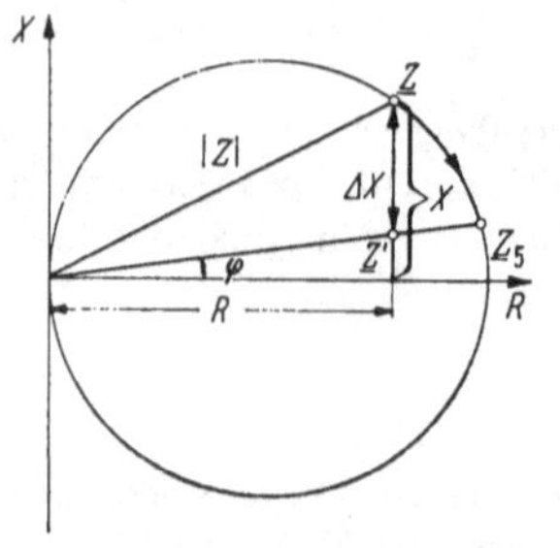

Abb. 32. Parallelschaltung eines komplexen Widerstandes und einer Kapazität

Transformation mit Serienwiderstand: Die Tatsache, daß es bei Wechselstrom Widerstände gibt, die einem durch sie fließenden Strom keine nennenswerte Leistung entziehen und doch große Widerstandswerte besitzen können, macht es möglich, den Wert eines komplexen Widerstandes durch Serien- oder Parallelschaltung von verlustfreien Blindwiderständen in einen anderen Wert zu „transformieren", ohne daß dabei Leistung geopfert werden muß. Aus Abb. 29 geht bereits hervor, in welcher Weise man einen komplexen Widerstand $\underline{Z}$ mit

Hilfe eines Blindwiderstandes verändern kann. Durch Serienschaltung eines passenden Blindwiderstandes kann man $\underline{Z}$ in jeden anderen Punkt $\underline{Z}'$ der senkrechten Geraden durch $\underline{Z}$, durch Parallelschaltung eines Blindwiderstandes in jeden Punkt des zugehörigen G-Kreises verwandeln. Der Vorgang der Transformation lautet in exakter Definition: Der gegebene Widerstand $\underline{Z}$ ist irgendein Gebilde mit zwei Anschlußklemmen 1 und 1a („Zweipol"), für die man den Eingangsstrom $\underline{I} = I \cdot e^{j\psi}$ und die Eingangsspannung $\underline{U} = U \cdot e^{j\chi}$ messen kann (Abb. 33). Das zugehörige $\underline{Z}$ ist nach (90) als Quotient $\underline{U}/\underline{I}$ definiert.

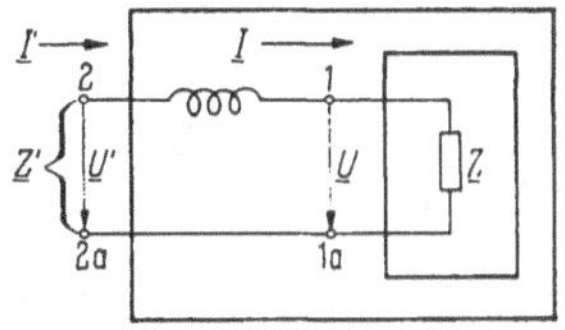

Abb. 33. Transformation eines Zweipols durch Serienwiderstand

Durch Zuschalten eines Blindwiderstandes wird daraus ein neuer Zweipol mit den Anschlußklemmen 2 und 2a, dem Eingangsstrom $\underline{I}' = I' \cdot e^{j\psi'}$ und der Eingangsspannung $\underline{U}' = U' \cdot e^{j\chi'}$. Der neue Zweipol besitzt dann den Widerstand $\underline{Z}' = \underline{U}'/\underline{I}'$.

Bei der Serienschaltung nach Abb. 33 bleibt der Strom ungeändert: $\underline{I} = \underline{I}'$. Die Spannung wird geändert.

$$\frac{\underline{U}'}{\underline{U}} = \frac{U'}{U} \cdot e^{j(\chi' - \chi)} = \frac{\underline{Z}'}{\underline{Z}} = \frac{\underline{Z} + j\omega L}{\underline{Z}}. \tag{207}$$

Den Quotienten der Absolutwerte erhält man sehr einfach aus folgender Überlegung: Wegen der Verlustfreiheit des Serienblindwiderstandes ist die Wirkleistung P_W, die in die Klemmen 2 und 2a des $\underline{Z}'$ eintritt, die gleiche wie die, die in die Klemmen 1 und 1a des $\underline{Z}$ eintritt. Betrachtet man eine Impedanz $\underline{Z}$ wie in Abb. 18 unten als Parallelschaltung eines Wirkleitwerts $G = 1/R_p$ und eines Blindleitwerts jB, so entsteht bei gegebener Spannung $\underline{U}$ die Wirkleistung nur in G und zwar nach (109). Es ist die gleiche Wirkleistung P in $\underline{Z}$ und in $\underline{Z}'$, also

$$P_W = \frac{1}{2} U'^2 \cdot G' = \frac{1}{2} U^2 \cdot G, \tag{208}$$

wobei G′ der Wirkleitwert des $\underline{Z}'$ und G der Wirkleitwert des $\underline{Z}$ ist. Daher wird

$$\frac{U'}{U} = \sqrt{\frac{G}{G'}}. \tag{209}$$

Dabei können G′ und G aus (167) berechnet oder zu gegebenem $\underline{Z}'$ und $\underline{Z}$ aus dem Diagramm der Abb. 26 entnommen werden. Nach (33) und (207) ist die Phasendifferenz $(\chi' - \chi)$ der beiden Spannungen gleich der Phasendifferenz der beiden komplexen Widerstände $\underline{Z}' = \underline{Z} + j\omega L$ und $\underline{Z}$. Den Differenzwinkel findet man in der komplexen Widerstandsebene nach Abb. 34. Er ist positiv, wenn $\underline{Z}'$ höher liegt als $\underline{Z}$, also für eine Serieninduktivität.

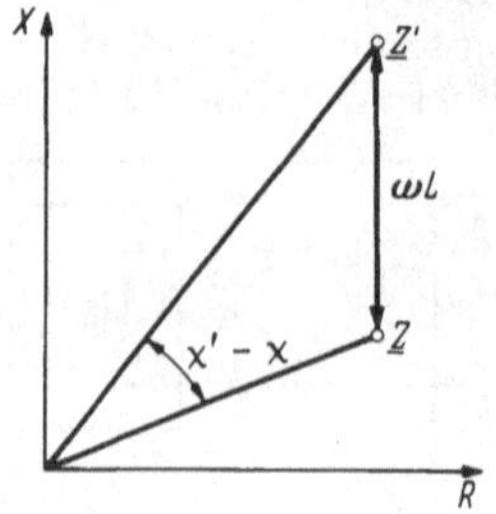

Abb. 34. Phasendifferenz der Spannungen in Abb. 33

Transformation durch Parallelwiderstand: Wenn die Transformation mit Hilfe eines Parallelwiderstandes erfolgt, gilt das Schema der Abb. 35. Bei der Parallelschaltung bleibt die Spannung ungeändert: $\underline{U} = \underline{U}'$. Der Strom wird geändert.

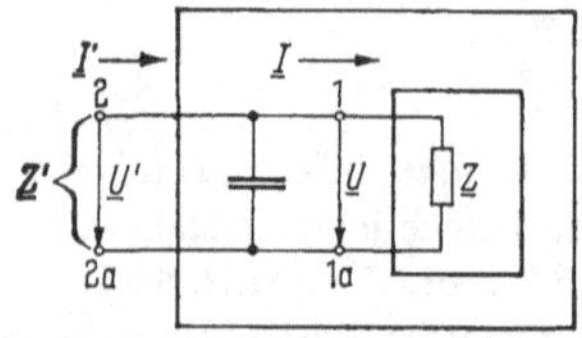

Abb. 35. Transformation eines Zweipols durch Parallelwiderstand

$$\frac{\underline{I}'}{\underline{I}} = \frac{I'}{I} \cdot e^{j(\psi' - \psi)} = \frac{\underline{Y}'}{\underline{Y}} = \frac{\underline{Y} + j\omega C}{\underline{Y}}. \tag{210}$$

Diese Gleichung folgt nach (101) aus $\underline{I}' = \underline{Y}' \cdot \underline{U}$ und $\underline{I} = \underline{Y} \cdot \underline{U}$, wobei $\underline{Y}'$ der Leitwert des $\underline{Z}'$ und $\underline{Y}$ der Leitwert des $\underline{Z}$ ist. Der Quotient der Absolutwerte ergibt sich wie in (208) aus der Gleichheit der Wirkleistung in $\underline{Z}'$ und $\underline{Z}$ nach (112)

$$P_w = \frac{1}{2} I'^2 \cdot R' = \frac{1}{2} I^2 \cdot R, \tag{211}$$

wobei R' der Wirkwiderstand des $\underline{Z}'$ und R der Wirkwiderstand des $\underline{Z}$ ist. Dann wird

$$\frac{I'}{I} = \sqrt{\frac{R}{R'}}. \tag{212}$$

Nach (33) und (210) ist die Phasendifferenz $(\psi' - \psi)$ der beiden Ströme gleich der Phasendifferenz der beiden komplexen Leitwerte $\underline{Y}' = 1/\underline{Z}'$ und $\underline{Y} = 1/\underline{Z}$. Den Differenzwinkel findet man in der komplexen Leitwertebene nach Abb. 36a, und zwar ist $(\psi' - \psi)$ positiv, wenn wie in Abb. 36a der Endpunkt $\underline{Y}'$ höher liegt als der Ausgangspunkt $\underline{Y}$; d. h. wenn wie in Abb. 35 eine Kapazität parallelgeschaltet wird. Schaltet man eine Induktivität parallel, so liegt nach Abb. 30 das $\underline{Y}'$ unterhalb von $\underline{Y}$ und $\psi' - \psi$ wird negativ.

Man kann die Parallelschaltung von Blindwiderständen nach Abb. 29 auch in der komplexen Impedanzebene vornehmen. Hierbei wandert $\underline{Z}$ nach $\underline{Z}'$ auf einem Kreis konstanten Wirkleitwerts wie in Abb. 36b für das Beispiel einer Parallelkapazität nach Abb. 35. Weil

$$\frac{\underline{Y}'}{\underline{Y}} = \frac{\underline{Z}}{\underline{Z}'} \tag{213}$$

ist, ist die Phasendifferenz $\psi' - \psi$ aus (210) gleich der negativen Phasendifferenz zwischen $\underline{Z}$ und $\underline{Z}'$, also gleich dem in Abb. 36b gezeichneten Winkel

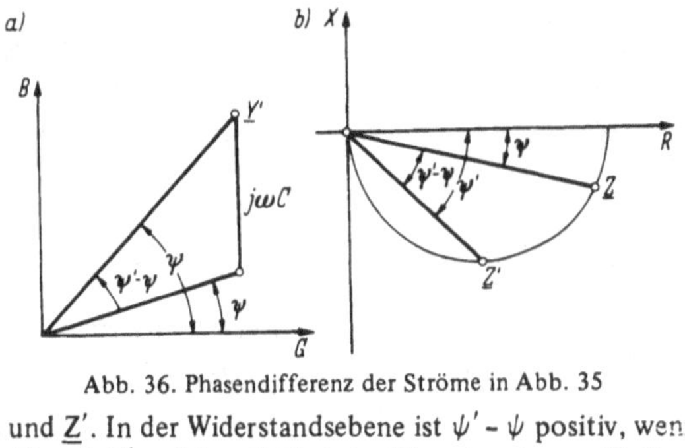

Abb. 36. Phasendifferenz der Ströme in Abb. 35

zwischen $\underline{Z}$ und $\underline{Z}'$. In der Widerstandsebene ist $\psi' - \psi$ positiv, wenn die Bewegung von $\underline{Z}$ nach $\underline{Z}'$ auf dem G-Kreis im Uhrzeigersinn verläuft.

III,5. Serienresonanz

Blindwiderstände mit anderen Frequenzverhalten als nach (127) oder nach (137) kann man durch Kombination von induktiven und kapazitiven Blindwiderständen in Serien- und Parallelschaltung erzeugen.

Ein einfaches Beispiel ist die Serienschaltung eines induktiven und eines kapazitiven Widerstandes (Abb. 37). Ihr Blindwiderstand lautet nach (127) und (137)

$$jX = j\,(X_L + X_C) = j\,(\omega L - \frac{1}{\omega C}). \tag{214}$$

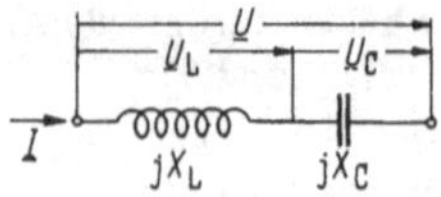

Abb. 37. Serienresonanzkreis ohne Verluste

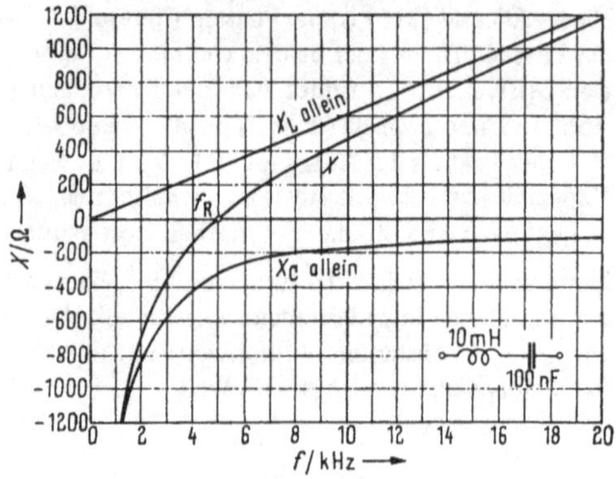

Abb. 38. Blindwiderstand eines Serienresonanzkreises

Das Verhalten eines solchen Gebildes soll in Abhängigkeit von der Frequenz betrachtet werden. Abb. 38 zeigt für ein Zahlenbeispiel den Verlauf von $X_L = \omega L$ und $X_C = -1/(\omega C)$ allein und als Kombination X nach (214). Wegen des verschiedenen Vorzeichens kompensieren sich die beiden Widerstände teilweise. Es gibt auch einen Punkt, in dem $X = 0$ ist. Die Frequenz, bei der dies eintritt, nennt man die *Resonanzfrequenz* f_R; $\omega_R = 2\pi f_R$. Wegen $X = 0$ ist nach (214) für $\omega = \omega_R$

$$\omega_R L = \frac{1}{\omega_R C} = X_R. \tag{215}$$

Beide Blindwiderstände haben also dort den gleichen Resonanzwert X_R, nur mit engegengesetztem Vorzeichen. Die Resonanzfrequenz ergibt sich bei gegebenem L und C nach (215) aus

$$2\pi f_R = \omega_R = \frac{1}{\sqrt{LC}}. \tag{216}$$

Nach (215) und (216) ist der Resonanzblindwiderstand

$$X_R = \sqrt{\frac{L}{C}}. \tag{217}$$

Setzt man L in H und C in F ein, so erhält man f_R in Hz und X_R in Ω. Wenn die Induktivität L und die Resonanzfrequenz gegeben sind, findet man das erforderliche C aus

$$C = \frac{1}{\omega_R^2 \cdot L} \tag{218}$$

oder umgekehrt das L bei gegebenem C als

$$L = \frac{1}{\omega_R^2 \cdot C} . \tag{219}$$

Für Frequenzen, die kleiner als die Resonanzfrequenz sind, ist X nach (214) negativ, entspricht also einer Kapazität; für Frequenzen, die größer als die Resonanzfrequenz sind, ist X positiv und entspricht einer Induktivität (Abb. 38).

Strom und Spannung im Serienresonanzkreis: Bei gegebener Spannung $\underline{U}$ an der Serienschaltung (Abb. 37) beträgt der Strom durch die Blindwiderstände nach (214)

$$\underline{I} = \frac{\underline{U}}{jX} = -j \frac{\underline{U}}{\omega L - 1/(\omega C)} \tag{220}$$

und sein Scheitelwert

$$I = \frac{U}{|\omega L - 1/(\omega C)|} . \tag{221}$$

$|\omega L - 1/(\omega C)|$ ist der Wert von $\omega L - 1/(\omega C)$ ohne Berücksichtigung des Vorzeichens. Den Verlauf von I zeigt Abb. 39. I durchläuft bei gegebenem U eine Resonanzkurve und wird im Resonanzpunkt (von Verlusten abgesehen) unendlich groß. Auf beiden Seiten der Resonanzfrequenz fällt I steil ab. Unterhalb der Resonanzfrequenz eilt der Strom $\underline{I}$ der Spannung um $\pi/2$ vor; oberhalb der Resonanzfrequenz eilt die Spannung dem Strom um $\pi/2$ vor.

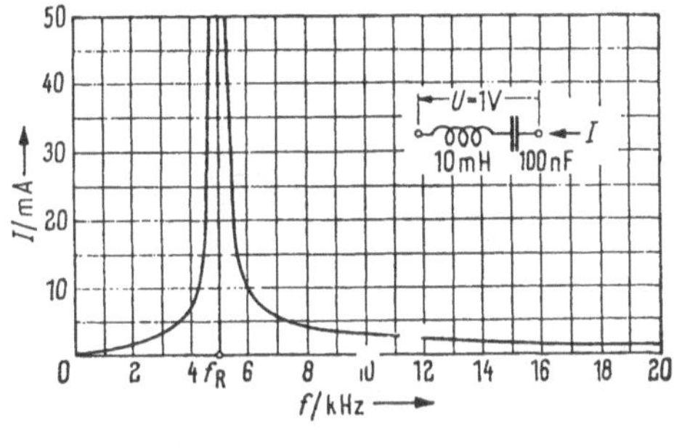

Abb. 39. Strom in Serienresonanzkreis bei gegebener Gesamtspannung

Wichtig sind auch die beiden Teilspannungen $\underline{U}_L$ und $\underline{U}_C$, die in Abb. 37 an den beiden Blindwiderständen entstehen. Unterhalb der Resonanzfrequenz sind $\underline{U}$ und $\underline{U}_C$ phasengleich, dagegen $\underline{U}$ und $\underline{U}_L$ gegenphasig (Phasendifferenz π). Oberhalb der Resonanzfrequenz sind $\underline{U}$ und $\underline{U}_L$ phasengleich, dagegen $\underline{U}$

und $\underline{U}_C$ gegenphasig. Die Spannungen an den beiden Blindwiderständen lauten einzeln nach (220)

$$\underline{U}_L = \underline{I} \cdot j\omega L = \underline{U} \frac{1}{1 - 1/(\omega^2 LC)}; \tag{222}$$

$$\underline{U}_C = - \underline{I} \cdot j \frac{1}{\omega C} = \underline{U} \frac{1}{1 - \omega^2 LC}. \tag{223}$$

Die beiden Teilspannungen $\underline{U}_L$ und $\underline{U}_C$ haben eine Phasendifferenz π ($e^{j\pi} = -1$; entgegengesetztes Vorzeichen). Die Spannungen $U_L = I \cdot X_L$ und $U_C = I \cdot |X_C|$ durchlaufen bei gegebenem U ähnliche Resonanzkurven wie I nach Abb. 39. Abb. 40 zeigt im Gegensatz dazu die Spannung U am gesamten Widerstand bei gegebenem Strom I und die Spannungen an den beiden Teilwiderständen:

$$U = I \cdot |\omega L - \frac{1}{\omega C}|; U_L = I \cdot \omega L; \; U_C = I \cdot \frac{1}{\omega C}. \tag{224}$$

In diesem Fall entstehen keine Resonanzkurven. Die Teilspannungen U_L und U_C sind zum Teil größer als die Gesamtspannung U.

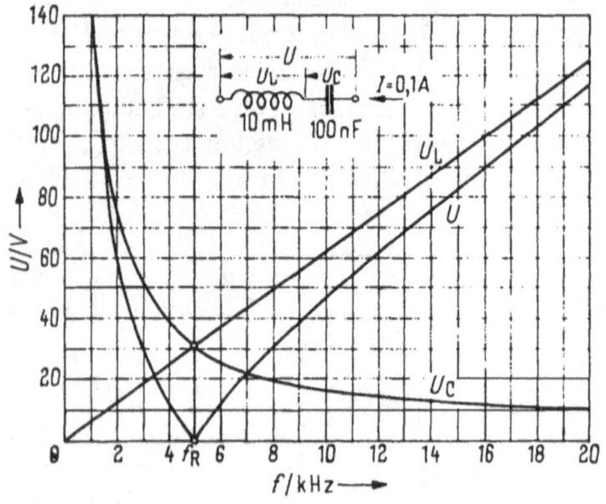

Abb. 40. Spannungen im Serienresonanzkreis bei gegebenem Strom

Die Resonanz der Schaltung der Abb. 37 nennt man Serienresonanz. Der ältere Ausdruck „Spannungsresonanz" für diesen Fall wird in neuerer Zeit seltener gebraucht, weil er mißverstanden werden kann.

Verhalten in der Umgebung der Resonanz: Wenn man den Resonanzblindwiderstand X_R nach (215) einführt, erhält man statt (214) die Formel

$$X = X_R \left(\frac{\omega}{\omega_R} - \frac{\omega_R}{\omega}\right) = X_R \left(\frac{f}{f_R} - \frac{f_R}{f}\right). \tag{225}$$

In vielen Fällen interessiert nur das Verhalten von X in der unmittelbaren Umgebung der Resonanzfrequenz. Δf sei die Abweichung der betrachteten Frequenz f von der Resonanzfrequenz f_R:

$$f = f_R + \Delta f. \tag{226}$$

Δf ist also positiv, wenn die betrachtete Frequenz größer als die Resonanzfrequenz ist. Δf nennt man die Verstimmung und

$$v = \frac{\Delta f}{f_R} \tag{227}$$

die relative Verstimmung.

Die im folgenden entwickelten Formeln sind *Näherungsformeln,* die nur unter der Bedingung $|v| < 0{,}1$ bestehen. Die Frequenzabweichungen von der Resonanzfrequenz sollen also nicht mehr als ± 10 % betragen. Dieser Frequenzbereich in der Umgebung der Resonanzfrequenz ist für die Aufgaben der Praxis meist von besonderem Interesse. In (225) setzt man ein:

$$\frac{f}{f_R} = 1 + \frac{\Delta f}{f_R} = 1 + v; \quad \frac{f_R}{f} = \frac{1}{1 + \Delta f/f_R} = \frac{1}{1+v}. \tag{228}$$

Für kleine v kann man durch folgende Näherungsformel eine wesentliche Vereinfachung erzielen: Es ist $1/(1 + v) \approx 1 - v$, solange $|v| < 0{,}1$ ist. Wer diese Formel nicht aus der Reihenlehre kannt, kann sich durch Einsetzen von kleinen Zahlen v von der Genauigkeit der Formel überzeugen. Aus (225) und (228) wird dann in der Nähe der Resonanzfrequenz für $|v| < 0{,}1$ näherungsweise

$$X = X_R \frac{2\,\Delta f}{f_R} = X_R \cdot 2\,v. \tag{229}$$

X ändert sich also proportional zur Verstimmung Δf. Je größer X_R ist, desto schneller ändert sich X.

Wirkung der Verluste: In der Umgebung der Resonanzfrequenz muß man berücksichtigen, daß die beiden Blindwiderstände nicht verlustfrei sind. Bei vielen Aufgaben ist auch absichtlich ein Wirkwiderstand in den Kreis eingebaut. Die Schaltung ist in Abb. 41 daher ergänzt durch einen Widerstand R_R, der die Summe der beiden Widerstände R_L nach (183) und R_C nach (187) und

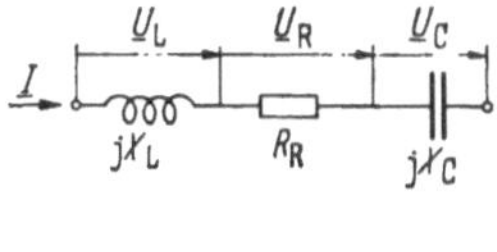

Abb. 41. Serienresonanzkreis mit Verlusten

des absichtlich eingebauten R ist. Es entsteht in Ergänzung von (214) der komplexe Widerstand

$$\underline{Z} = R_R + j\,(\omega L - \frac{1}{\omega C}) \tag{230}$$

mit $R_R = R_L + R_C + R$.

Bei der Resonanzfrequenz hat also der Kreis nicht den Widerstand $\underline{Z} = 0$, sondern $\underline{Z} = R_R$. In der Umgebung der Resonanz ist dann nach (229) für $|v| < 0{,}1$ näherungsweise

$$\underline{Z} = R_R + jX_R \cdot 2\,v. \tag{231}$$

Die Ströme und Spannungen werden bei gegebenem U jetzt im Resonanzfall nicht mehr unendlich groß. Es ist der Strom I durch den Widerstand $\underline{Z}$ nach (231)

$$I = \frac{U}{|Z|} = \frac{U}{\sqrt{R_R^2 + (X_R \cdot 2\,v)^2}}. \tag{232}$$

In der Umgebung der Resonanz, also in dem kleinen Frequenzbereich, in dem die Näherungsformel (231) gilt, kann R_R erfahrungsgemäß als praktisch unabhängig von der Frequenz angesehen werden. Den Verlauf des Stromes I nach (232) unter Berücksichtigung von R_R zeigt Abb. 42. Im Resonanzpunkt ent-

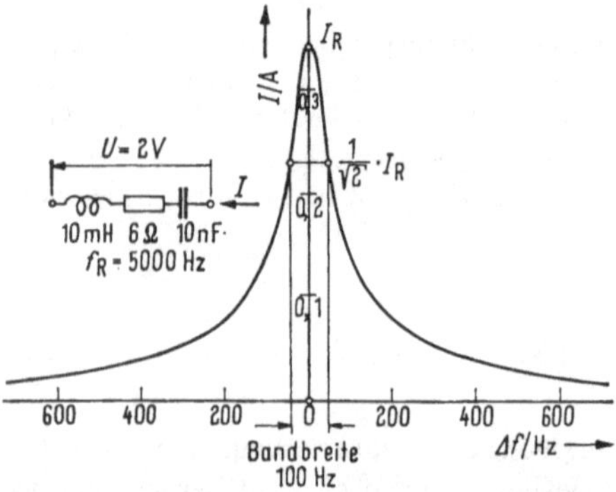

Abb. 42. Resonanzkurve des Stromes bei gegebener Gesamtspannung

steht nach (232) für v = 0 der maximale Strom

$$I_R = \frac{U}{R_R}. \tag{233}$$

Unter Benutzung von (233) wird aus (232) für $|v| < 0{,}1$ näherungsweise

$$I = I_R \frac{1}{\sqrt{1 + (\frac{X_R}{R_R}\,2\,v)^2}}. \tag{234}$$

Dies ist die *typische Formel einer Resonanzkurve* (Abb. 42). Man kann diese Resonanzkurve in eine „normierte" Form bringen, wenn man folgende Größen einführt:

$$K = \frac{I}{I_R} = \frac{1}{\sqrt{1 + (\Delta x)^2}}; \quad \Delta x = \frac{X_R}{R_R}\, 2\, v. \tag{235}$$

Die Funktion K gibt den Verlauf der interessierenden Größe I für einen Resonanzwert $I_R = 1$ nach einer sehr einfachen Funktion (Abb. 43). Wenn die

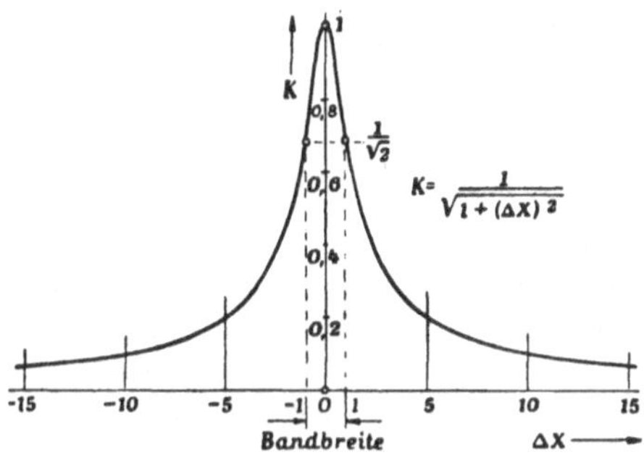

Abb. 43. Normierte Resonanzkurve

Verstimmung v nach (227) gerade so groß ist, daß $\Delta x = 1$ oder -1 wird, dann ist $K = 1/\sqrt{2} \approx 0{,}7$ und $I = I_R/\sqrt{2}$. Für diese v ist also die Kurve auf den $1/\sqrt{2}$-fachen Wert der Resonanzhöhe gesunken. Die Kurve hat zwei solcher Punkte (positives und negatives v), die in Abb. 42 und 43 eingezeichnet sind. Der Frequenzabstand f_B dieser beiden Punkte wird als die Bandbreite oder auch als die Halbwertbreite bezeichnet. Das Wort „Halbwertbreite" entsteht dadurch, daß die vom Wirkwiderstand R_R des Kreises bei gegebener Spannung $\underline{U}$ aufgenommene Wirkleistung in den beiden Punkten $\Delta x = \pm 1$ halb so groß ist wie im Resonanzpunkt; denn der Absolutwert des Stromes ist dort $I_R/\sqrt{2}$, und die Leistung ist dem Quadrat des Stromes proportional. Die Bandbreite des Kreises ist eine quantitave Angabe darüber, in welchem Frequenzbereich der Resonanzkreis merkliche Wirkkomponenten hat. Als relative Bandbreite (relative Halbwertbreite) bezeichnet man die Größe

$$b = \frac{f_B}{f_R}. \tag{236}$$

Die Bandbreite ist begrenzt durch die Punkte mit $\Delta x = \pm 1$ nach (235) mit v aus (227). Für die Bandbreitengrenzen gilt nach (235)

$$\pm 1 = \frac{X_R}{R_R} \cdot 2\, \frac{\Delta f}{f_R}. \tag{237}$$

Das Δf dieser Gleichung ist $f_B/2$, also

$$\frac{f_B}{f_R} = b = \frac{R_R}{X_R} = d_K. \tag{238}$$

Den Quotienten R_R/X_R nennt man in Analogie zu (180) und (188) den Verlustfaktor d_K des Kreises, oft auch die Kreisdämpfung. Die in Abb. 42 definierte Bandbreite hat also einen einfachen Zusammenhang mit dem Verlustfaktor des Kreises. Der reziproke Verlustfaktor des Kreises ist der Gütefaktor Q_K, auch Resonanzschärfe genannt.

$$Q_K = \frac{1}{d_K} = \frac{X_R}{R_R}. \tag{239}$$

Wenn der Verlustfaktor klein ist, ist der Gütefaktor groß.

Bisher wurde angenommen, daß das L und C der Schaltung in Abb. 23 eine gegebene Größe hatte und die Frequenz verändert wurde. Auch der umgekehrte Fall, bei dem mit fester Frequenz ω und einstellbarem, veränderlichem L oder C gearbeitet wird, hat große praktische Bedeutung. Im folgenden Beispiel wird angenommen, daß L eine gegebene Größe hat und C verändert wird. Wie in (230) ist der komplexe Widerstand

$$\underline{Z} = R_R + j\left(\omega L - \frac{1}{\omega C}\right). \tag{240}$$

Resonanz entsteht für einen bestimmten Wert des C, genannt C_R, bei dem die Blindkomponente des $\underline{Z}$ verschwindet; vgl. (218):

$$\omega L = \frac{1}{\omega C_R} \quad \text{oder} \quad C_R = \frac{1}{\omega^2 L}. \tag{241}$$

Allgemein ist das einstellbare

$$C = C_R + \Delta C. \tag{242}$$

ΔC gibt die Abweichung des jeweils eingestellten Kapazitätswertes vom Resonanzwert C_R an. Liegt am Kreis stets die gleiche Spannung U, so durchläuft der Scheitelwert des Stromes

$$I = \frac{U}{|\underline{Z}|} = \frac{U}{\sqrt{R_R^2 + \left[\omega L - \frac{1}{\omega (C_R + \Delta C)}\right]^2}} \tag{243}$$

eine Resonanzkurve, die hier bei wachsendem C und gleichbleibender Frequenz ähnliche Form wie die Resonanzkurve der Abb. 42 bei gleichbleibendem C und wachsender Frequenz hat. Wichtig ist die Entwicklung einer Näherungsformel für die Umgebung der Resonanz in Analogie zu (234). I_R ist der Resonanzstrom nach (233).

$$X_R = \omega L = \frac{1}{\omega C_R} \tag{244}$$

ist der Wert der Blindwiderstände im Resonanzfall.

Für den Fall kleiner Kapazitätsänderungen ΔC kann man wieder eine einfache Näherungsformel ableiten. Es ist nach der Reihenlehre

$$\frac{1}{1 + \frac{\Delta C}{C_R}} \approx 1 - \frac{\Delta C}{C_R} \tag{245}$$

hinreichend genau, solange

$$\frac{\Delta C}{C_R} < 0{,}1 \tag{246}$$

ist. Es wird also

$$\frac{1}{\omega (C_R + \Delta C)} = \frac{1}{\omega C_R} \cdot \frac{1}{1 + \frac{\Delta C}{C_R}} \approx \frac{1}{\omega C_R} (1 - \frac{\Delta C}{C_R}). \tag{247}$$

wenn der Kapazitätswert nicht mehr als 10 % von seinem Resonanzwert abweicht. Ähnlich (234) erhält man dann aus (243) mit Hilfe von (233) und (244) eine Näherungsformel für den Strom.

$$I = \frac{I_R}{\sqrt{1 + (\frac{X_R}{R_R} \cdot \frac{\Delta C}{C_R})^2}}. \tag{248}$$

Mit der Größe

$$\Delta x = \frac{X_R}{R_R} \cdot \frac{\Delta C}{C_R} \tag{249}$$

erhält man die normierte Form (235) der Resonanzkurve, die in Abb. 43 dargestellt ist. Die charakteristischen Punkte mit $\Delta x = \pm 1$ entstehen für

$$\Delta C = \pm \frac{R_R}{X_R} \cdot C_R = \pm d_K \cdot C_R. \tag{250}$$

Der Verlustfaktor des Kreises hat also einen einfachen Zusammenhang mit derjenigen Kapazitätsänderung ΔC, die den Strom auf das $1/\sqrt{2}$-fache des Resonanzwertes absinken läßt. Diese Formel ist die Grundlage für die Messung des d_K durch Änderung der Kreiskapazität.

Das Zeigerdiagramm des Stromes und der Spannungen zur Schaltung der Abb. 41 zeigt Abb. 44 für eine Frequenz oberhalb der Resonanzfrequenz, bei der $\omega L > \frac{1}{\omega C}$ ist. Man beginnt wie bei jeder Serienschaltung zweckmäßig

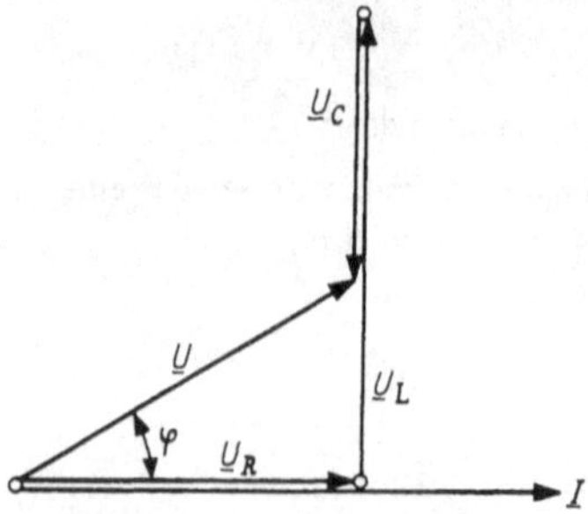

Abb. 44. Zeigerdiagramm zur Abb. 41

mit dem Zeiger $\underline{I}$ des durch die Schaltung fließenden Stromes, den man auf die reelle Achse legt. Dann liegt der Zeiger $\underline{U}_R = \underline{I} \cdot R_R$ der Spannung an R_R ebenfalls auf der reellen Achse. Die Spannung $\underline{U}_L = \underline{I} \cdot j\omega L$ an der Induktivität zeigt senkrecht nach oben, die Spannung $\underline{U}_C = \underline{I}\,(-j\,\frac{1}{\omega C})$ senkrecht nach unten. Wegen der angegebenen Voraussetzung über die betrachtete Frequenz ist $U_L > U_C$ und der Summenzeiger

$$\underline{U} = \underline{U}_R + \underline{U}_L + \underline{U}_C \tag{251}$$

zeigt schräg nach oben. Die Länge U des Zeigers ist nach (230)

$$U = I \cdot |Z| = I \cdot \sqrt{R_R^2 + (\omega L - \frac{1}{\omega C})^2}, \tag{252}$$

die Phasendifferenz φ zwischen Spannung $\underline{U}$ und Strom $\underline{I}$ nach Abb. 44

$$\tan\varphi = \frac{U_L - U_C}{U_R} = \frac{\omega L - \frac{1}{\omega C}}{R_R} \tag{253}$$

III,6. Parallelresonanz

Eine zweite einfache Kombination von Blindwiderständen ist die Parallelschaltung einer Induktivität und einer Kapazität (Abb. 45). Bei Parallelschaltung

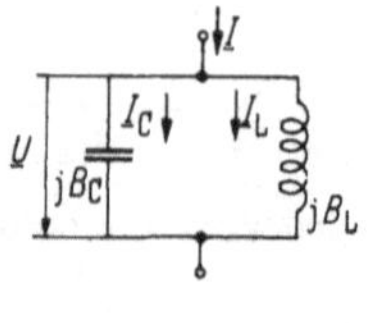

Abb. 45. Parallelresonanzkreis ohne Verluste

rechnet man mit Leitwerten. Der resultierende Blindleitwert lautet nach (130) und (136)

$$jB = j\,(B_C + B_L) = j\,(\omega C - \frac{1}{\omega L}). \tag{254}$$

Der Verlauf des B in Abhängigkeit von der Frequenz soll betrachtet werden. Abb. 46a zeigt für ein Zahlenbeispiel die Größen $B_C = \omega C$ und $B_L = -1/(\omega L)$ allein und als Kombination B. Wegen des verschiedenen Vorzeichens heben sich die beiden Leitwerte gegenseitig teilweise auf. Man vergleiche Abb. 38. Es gibt einen Resonanzpunkt, in dem B = 0 ist. Die Resonanzfrequenz f_R, bzw. $\omega_R = 2\pi f_R$, ergibt sich aus der Bedingung der Gleichheit der beiden Leitwerte B_C und $|B_L|$:

$$\omega_R C = \frac{1}{\omega_R L} = B_R. \tag{255}$$

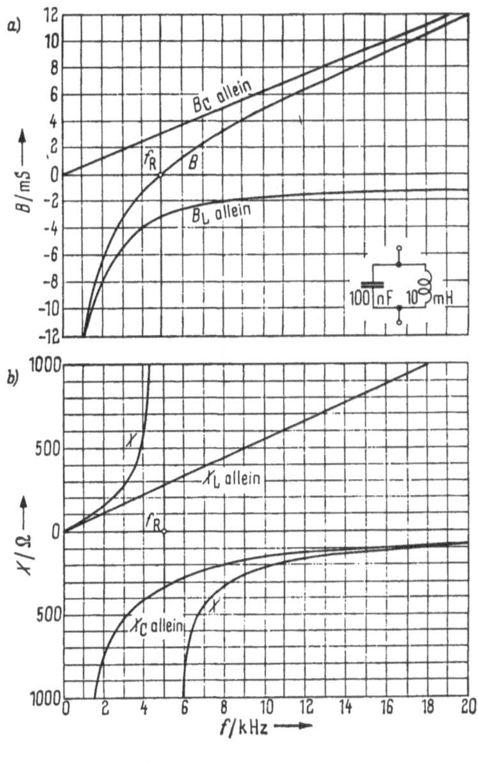

Abb. 46. Blindleitwert (a) und Blindwiderstand (b) des Parallelresonanzkreises

Beide Blindleitwerte haben bei dieser Frequenz (abgesehen vom Vorzeichen) den gleichen Resonanzblindleitwert B_R. Man vergleiche (215). Es gelten auch hier die Resonanzbedingungen (216) bis (219) wie beim Serienresonanzkreis. Für Frequenzen, die kleiner als die Resonanzfrequenz sind, ist B nach (254) negativ, weil die Induktivität einen größeren Leitwert hat als die parallele Kapazität. Für Frequenzen, die größer als f_R sind, ist B positiv, weil die Kapazität einen größeren Leitwert hat als die parallele Induktivität (Abb. 46a). Abb. 47 zeigt die reelle Amplitude I des Stromes $\underline{I}$ durch diesen Leitwert jB bei gegebener Spannung $\underline{U}$ nach (101)

$$I = U \cdot |B| = U \cdot \left| \omega C - \frac{1}{\omega L} \right|. \tag{256}$$

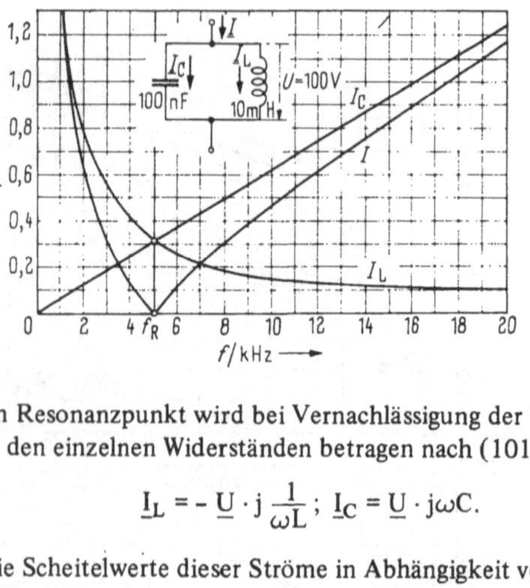

Abb. 47. Ströme im Parallelresonanzkreis bei gegebener Spannung

Im Resonanzpunkt wird bei Vernachlässigung der Verluste I = 0. Die Ströme in den einzelnen Widerständen betragen nach (101)

$$\underline{I}_L = -\underline{U} \cdot j \frac{1}{\omega L}; \ \underline{I}_C = \underline{U} \cdot j\omega C. \tag{257}$$

Die Scheitelwerte dieser Ströme in Abhängigkeit von der Frequenz zeigt Abb. 47 für eine gegebene Spannung U. Diese Ströme sind zum Teil größer als I, sie haben untereinander eine Phasendifferenz π nach (10) ($e^{j\pi} = -1$; entgegengesetztes Vorzeichen):

$$\underline{I}_L = \underline{U} \frac{1}{\omega L} e^{-j\pi/2}; \ \underline{I}_C = \underline{U} \cdot \omega C \cdot e^{j\pi/2}. \tag{258}$$

Abb. 48 zeigt die Spannung U an jB *bei gegebenem Strom* I durch den Leitwert in Abhängigkeit von der Frequenz, wobei nach (256)

$$U = \frac{I}{|\omega C - 1/(\omega L)|}. \tag{259}$$

Der Scheitelwert der Spannung U durchläuft eine Resonanzkurve und wird bei Vernachlässigung der Verluste im Resonanzpunkt unendlich groß. Ebenso durchlaufen bei gegebenem Speisestrom I die Ströme I_L und I_C in den beiden Widerständen ähnliche Resonanzkurven:

$$I_L = \frac{U}{\omega L} = \frac{I}{|1 - \omega^2 LC|}; \tag{260}$$

$$I_C = U \cdot \omega C = \frac{I}{\left|1 - \frac{1}{\omega^2 LC}\right|}. \tag{261}$$

Die Resonanz der Schaltung der Abb. 45 nennt man *Parallelresonanz*. Der ältere Ausdruck „Stromresonanz“ für diesen Zustand wird in neuerer Zeit seltener verwendet, weil er zu Mißverständnissen Anlaß geben kann.

Verhalten in der Umgebung der Resonanz: Führt man den Resonanzblindleitwert B_R nach (255) in (254) ein, so erhält man in Analogie zu (225)

$$B = B_R \left(\frac{\omega}{\omega_R} - \frac{\omega_R}{\omega}\right) = B_R \left(\frac{f}{f_R} - \frac{f_R}{f}\right). \tag{262}$$

Wie beim Serienresonanzkreis führt man die Verstimmung Δf nach (226) und die relative Verstimmung v nach (227) ein und rechnet mit (228) wie bei der Gewinnung der Gl. (229). Es ergibt sich in Analogie zu (229) aus (262) für $|v| < 0{,}1$ für die Umgebung der Resonanzfrequenz näherungsweise die Formel

$$B = B_R \cdot \frac{2\,\Delta f}{f_R} = B_R \cdot 2\,v. \tag{263}$$

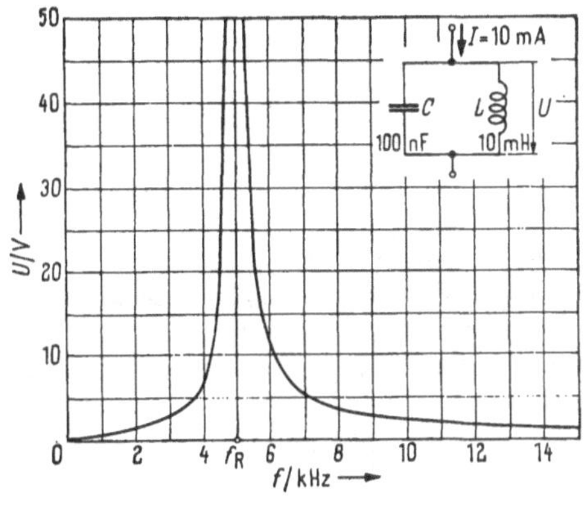

Abb. 48. Spannung am Parallelresonanzkreis bei gegebenem Gesamtstrom

Der Leitwert B ist also proportional zu v und B_R. Je größer C, desto größer B_R, desto schneller ändert sich B bei Änderung der Frequenz.

Wirkung der Verluste: Die Verluste der beiden Blindwiderstände beschreibt man durch ihre beiden Verlustleitwerte G_L und G_C nach (195). Ferner kann noch ein gewollter Wirkleitwert G_N (Nutzleitwert) in diesem Kreis parallel zu L und C liegen. Man muß also die Schaltung der Abb. 45 durch einen parallelen Verlustleitwert $G_R = G_L + G_C + G_N$ ergänzen (Abb. 49), der den Verbrauch an Wirkleistung darstellen soll. Der komplexe Leitwert des Kreises lautet jetzt

$$\underline{Y} = G_R + j\,[\omega C - 1/(\omega L)] \tag{264}$$

und in der Umgebung der Resonanzfrequenz nach (263) für $|v| < 0{,}1$ näherungsweise

$$\underline{Y} = G_R + jB_R \cdot 2v. \tag{265}$$

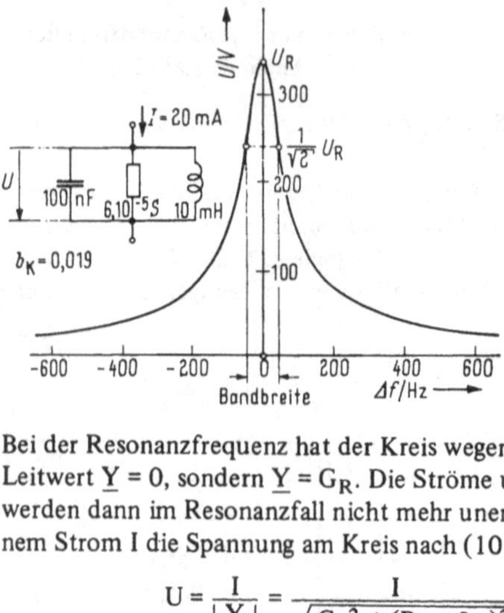

Abb. 49. Resonanzkurve der Spannung bei gegebenem Gesamtstrom

Bei der Resonanzfrequenz hat der Kreis wegen der Verluste nicht mehr den Leitwert $\underline{Y} = 0$, sondern $\underline{Y} = G_R$. Die Ströme und Spannungen der Abb. 48 werden dann im Resonanzfall nicht mehr unendlich groß. Es ist bei gegebenem Strom I die Spannung am Kreis nach (101) und (265)

$$U = \frac{I}{|\underline{Y}|} = \frac{I}{\sqrt{G_R^2 + (B_R \cdot 2v)^2}}. \tag{266}$$

In der Umgebung der Resonanz, also in dem Bereich, in dem die Näherung (265) gilt, kann G_R erfahrungsgemäß als unabhängig von der Frequenz angesehen werden. Den Verlauf von U bei gegebenem Strom unter Berücksichtigung des konstanten G_R zeigt Abb. 49. Im Resonanzpunkt $\Delta f = 0$ ($v = 0$) entsteht die maximale Spannung U_R (Resonanzspannung):

$$U_R = \frac{I}{G_R}. \tag{267}$$

Unter Benutzung von (267) wird aus (266) die typische Resonanzkurve für $|v| < 0{,}1$

$$U = U_R \frac{1}{\sqrt{1 + (\frac{B_R}{G_R} 2 v)^2}} . \qquad (268)$$

Diese Resonanzkurve gleicht formal der entsprechenden Kurve in (234) und (235) (Abb. 43). Das Aussehen der Kurve wird hier bestimmt durch die Größe

$$\Delta x = \frac{B_R}{G_R} \cdot \frac{2\,\Delta f}{f_R} = \frac{B_R}{G_R} \cdot 2\,v. \qquad (269)$$

Wenn Δf so groß ist, daß $\Delta x = 1$ oder -1 wird, dann ist $U = U_R/\sqrt{2}$. Vgl. Abb. 49. Der Frequenzabstand f_B dieser beiden Punkte wird als Bandbreite oder Halbwertsbreite bezeichnet; vgl. die Erläuterungen zum Serienresonanzkreis. Relative Bandbreite b aus (236). Die Bandbreite ist begrenzt durch die Punkte $\Delta x = \pm 1$, für die nach (269) mit v aus (227) gilt

$$\pm 1 = \frac{B_R}{G_R} \cdot 2 \frac{\Delta f}{f_R} \qquad (270)$$

Das Δf dieser Gleichung ist $f_B/2$, also

$$\frac{f_B}{f_R} = b = \frac{G_R}{B_R} = d_K . \qquad (271)$$

d_K ist der Verlustfaktor des Resonanzkreises wie in (238).

Die Kreisgüte Q_K ist die reziproke Kreisdämpfung wie in (239):

$$Q_K = \frac{1}{d_K} = \frac{B_R}{G_R} . \qquad (272)$$

Berechnung der Bandbreite eines Kreises, dessen Wirkleitwerte nur durch die Verluste der Blindwiderstände entstehen: Es ist also $G_N = 0$ und $G_R = G_L + G_C$. Bei der Resonanzfrequenz ist $B_C = |B_L| = B_R$ und der Verlustfaktor des L nach (196) $d_L = G_L/B_R$, der Verlustfaktor des C ebenso $d_C = G_C/B_R$. Der Verlustfaktor des Kreises nach (271)

$$d_K = \frac{G_R}{B_R} = \frac{G_L + G_C}{B_R} = d_L + d_C$$

ist also gleich der Summe der Verlustfaktoren der beiden Blindwiderstände bei der Resonanzfrequenz. Wenn man die Bandbreite eines gegebenen Kreises vergrößern will, muß man die Kreisdämpfung durch einen zusätzlich eingefügten Wirkleitwert G_N entsprechend vergrößern.

Der komplexe Widerstand eines Parallelresonanzkreises: Von großem Interesse ist das Verhalten des komplexen Widerstandes $\underline{Z} = 1/\underline{Y}$ eines solchen Kreises, zunächst ohne Verluste nach (254)

$$\underline{Z} = jX = \frac{-1}{jB} = -j\,\frac{1}{\omega C - 1/(\omega L)}. \tag{273}$$

Die Auswertung gibt Abb. 46b. Unterhalb der Resonanzfrequenz ergibt sich ein induktiver Blindwiderstand, der stets größer als das X_L der Induktivität ist, oberhalb der Resonanzfrequenz ein kapazitiver Blindwiderstand, dessen Absolutwert $|X|$ größer als das $|X_C|$ der Kapazität ist. Bei Annäherung an die Resonanz werden die Widerstände sehr groß; dort muß man dann die Kreisverluste berücksichtigen. Mit Verlusten ergibt sich aus (264)

$$\underline{Z} = R + jX = \frac{1}{G_R + jB} = \frac{1}{G_R + j\left(\omega C - \dfrac{1}{\omega L}\right)}. \tag{274}$$

Der Widerstand $\underline{Z}$ ist die Parallelschaltung eines Wirkleitwerts G_R (Wirkwiderstandes $R_R = 1/G_R$) und eines Blindleitwerts jB, dessen Frequenzabhängigkeit durch (264) gegeben ist. Nach Abb. 22 liegen alle diese Punkte auf dem gleichen G-Kreis, der durch den Punkt R_R der reellen Achse geht (Abb. 50).

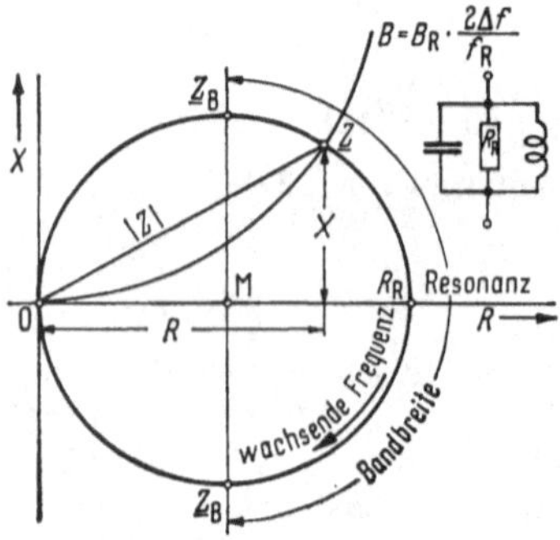

Abb. 50. Impedanz eines Parallelresonanzkreises

R_R ist der Resonanzwiderstand des Kreises, der bei der Resonanzfrequenz erreicht wird. Der Ort des $\underline{Z}$ auf dem Kreis wird durch B bestimmt, ist also frequenzabhängig. Der Kreis wird mit wachsender Frequenz im Uhrzeigersinn durchlaufen (B wächst). Die beiden Punkte $\underline{Z}_B$, die nach (270) die Bandbreite (Abb. 49) bestimmen, liegen senkrecht über und unter dem Mittelpunkt M des Kreises ($R_B = R_R/2$; $X_B = \pm R_R/2$). Der Abstand $|Z|$ des jeweiligen Punktes $\underline{Z}$ vom Nullpunkt gibt den Verlauf der Resonanzkurve nach (268);

$U = I \cdot |Z|$. Wenn die Kreisdämpfung bei gleichbleibendem L und C kleiner wird, wächst R_R nach (271) und damit der Radius des Kreises (Abb. 51). Den Ort des zu irgendeiner Frequenz gehörenden Punktes $\underline{Z}$ auf diesen Kreisen findet man aus dem Blindleitwert jB mit Hilfe des zu diesem B gehörenden B-Kreises der Abb. 25. Punkte $\underline{Z}_1$ und $\underline{Z}_2$ gleicher Frequenz (gleichen Blindleitwerts) auf Widerstandskreisen verschiedener Kreisdämpfung (Abb. 51)

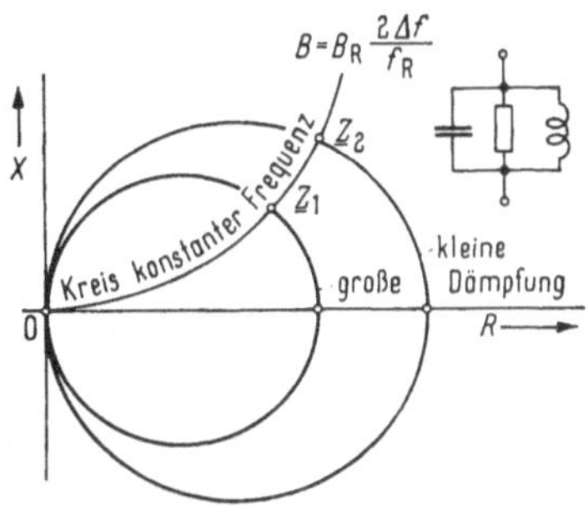

Abb. 51. Parallelresonanzkreise mit verschiedener Dämpfung und gleichem Resonanzblindleitwert B_R

liegen auf dem gleichen B-Kreis. Das Diagramm der Abb. 27 ist also auch ein universelles Hilfsmittel zur Behandlung von Resonanzkreisen.

Im Resonanzpunkt ist $\underline{Z}$ aus (274) ein sehr großer reeller Widerstand. Nach (271) wird

$$\underline{Z} = \frac{1}{G_R} = R_R = \frac{1}{d_K \cdot B_R} = \frac{Q_K}{B_R}. \tag{275}$$

Je kleiner die Kreisdämpfung und je kleiner die Blindleitwerte, desto größer ist der *Resonanzwiderstand* R_R. Der Absolutwert von $\underline{Z}$ lautet nach (267) und (268) für $|v| < 0,1$ näherungsweise

$$|Z| = \frac{U}{I} = \frac{R_R}{\sqrt{1 + \left(\frac{B_R}{G_R} \cdot 2v\right)^2}}. \tag{276}$$

$|Z|$ durchläuft eine Resonanzkurve nach Abb. 52a mit gleichem Aussehen wie U nach Abb. 49 bei konstantem Strom. Von Interesse ist die normierte Resonanzkurve (Abb. 43)

$$K = \frac{|Z|}{R_R} = \frac{1}{\sqrt{1 + (\Delta x)^2}}; \tag{277}$$

mit Δx aus (269).

Im Bereich zwischen $\Delta x = 1/2$ und $\Delta x = -1/2$ ist der Kurvenwert praktisch konstant gleich 1, d. h. $|Z| = R_R$. In größerem Abstand von der Resonanz verläuft die Kurve annähernd nach der Funktion $1/\Delta x$. Abb. 52b zeigt die Phase φ des $\underline{Z}$, die nach (175) gleich der negativen Phase ϑ des Leitwerts $\underline{Y}$ aus (264) ist:

$$\varphi = -\vartheta = -\arc\tan\frac{B}{G_R} = -\arc\tan\frac{\omega C - \frac{1}{\omega L}}{G_R} \approx -\arc\tan\frac{B_R}{G_R}\cdot 2\,v. \qquad (278)$$

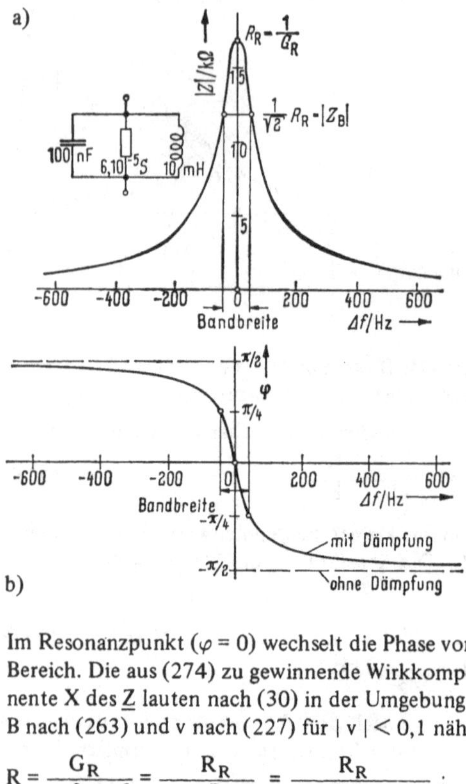

Abb. 52. Absolutwert (a) und Phase (b) der Impedanz eines Parallelresonanzkreises

Im Resonanzpunkt ($\varphi = 0$) wechselt die Phase vom induktiven zum kapazitiven Bereich. Die aus (274) zu gewinnende Wirkkomponente R und Blindkomponente X des $\underline{Z}$ lauten nach (30) in der Umgebung der Resonanzfrequenz mit B nach (263) und v nach (227) für $|v| < 0{,}1$ näherungsweise

$$R = \frac{G_R}{G_R^2 + B^2} = \frac{R_R}{1 + (\frac{B}{G_R})^2} = \frac{R_R}{1 + (\frac{B_R}{G_R}\cdot 2\,v)^2}\,; \qquad (279)$$

$$X = -\frac{B}{G_R^2 + B^2} = -R_R\,\frac{\frac{B}{G_R}}{1 + (\frac{B}{G_R})^2} = -R_R\,\frac{\frac{B_R}{G_R}\cdot 2\,v}{1 + (\frac{B_R}{G_R}\cdot 2\,v)^2}. \qquad (280)$$

R und X sind in Abb. 53 für ein Zahlenbeispiel dargestellt. R durchläuft eine etwas andersartige Resonanzkurve als $|Z|$ nach (276). Der Blindwiderstand X überschreitet weder im positiven noch im negativen Bereich eine gewisse Größe X_{max} nach (284). Während X sonst mit wachsender Frequenz wächst, besitzt es in der Umgebung der Resonanz einen abnehmenden Kurventeil. Im Resonanzpunkt ist X = 0. Man vergleiche die ungedämpfte Kurve, die im Resonanzpunkt von $+\infty$ nach $-\infty$ springt (Abb. 46b). Dieser Sprung wird durch die Verluste in den absinkenden Kurventeil verwandelt. Die Bandbreite war nach

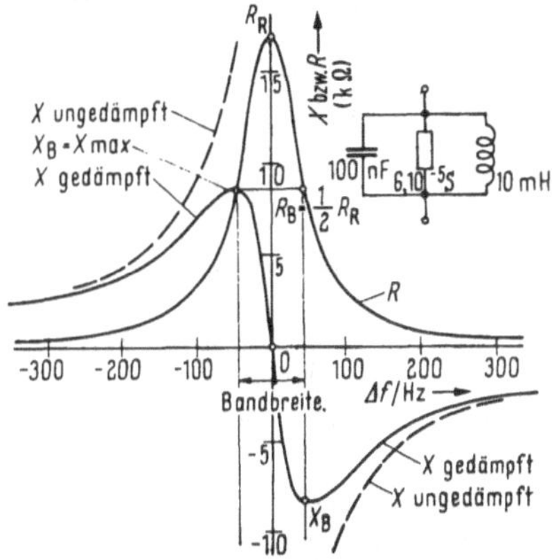

Abb. 53. Wirkwiderstand und Blindwiderstand eines verlustbehafteten Parallelresonanzkreises; gestrichelt der Blindwiderstand des verlustfreien Kreises

(270) durch die Verstimmung Δf gegeben, bei der $|Z|$ auf $R_R/\sqrt{2}$ abgefallen ist (Abb. 52a). Dort ist

$$\frac{B_R}{G_R} \cdot 2v = \Delta x = \pm 1$$

und nach (279) und (280)

$$R = R_B = R_R/2; \quad X = X_B = \pm R_R/2, \tag{281}$$

vgl. die Punkte $\underline{Z}_B$ in Abb. 50. Wirkwiderstand und Blindwiderstand sind bei dieser Verstimmung also gleich groß und gleich dem halben Resonanzwiderstand R_R; der komplexe Kreiswiderstand bei dieser Frequenz

$$\underline{Z}_B = \frac{R_R}{2}(1 \pm j) \tag{282}$$

hat nach (95) die Phase $\pm \pi/4$ (Abb. 52b):

$$\underline{Z}_B = \frac{R_R}{\sqrt{2}} e^{\pm j\pi/4}. \tag{283}$$

In diesen Punkten erreicht die Blindkomponente X ihre Extremwerte

$$|X_B| = |X_{max}| = \frac{1}{2} R_R = \frac{1}{2\, d_K\, B_R} \tag{284}$$

mit d_K aus (271). Die maximal erreichbare Blindkomponente ist also bei gegebenem Blindleitwert B_R abhängig von der Kreisdämpfung. Dieses X_{max}, und damit die Kreisdämpfung, ist auch maßgebend für den Umfang der Abweichung des wirklichen X von dem entsprechenden Verlauf beim ungedämpften Kreis nach (273) (Abb. 53; gestrichelte Kurve).

Abb. 54 gibt das Zeigerdiagramm für die Spannung und die Ströme der Abb. 45 für eine Frequenz, die unterhalb der Resonanzfrequenz liegt, also für

$$\omega C < \frac{1}{\omega L}.$$

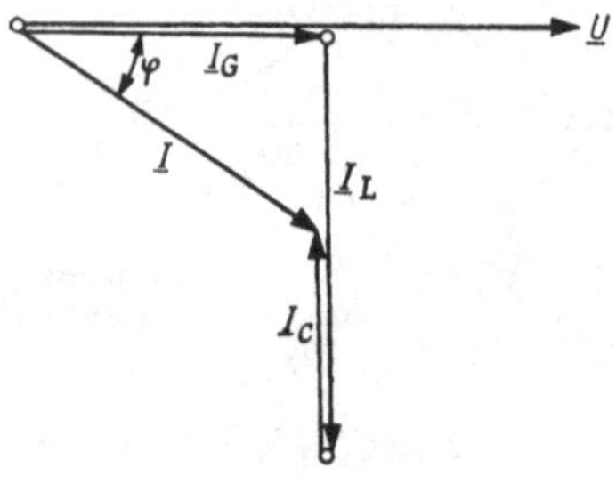

Abb. 54. Zeigerdiagramm des Parallelresonanzkreises

Man beginnt bei Parallelschaltung mit dem Zeiger der gemeinsamen Spannung $\underline{U}$, die an dem Resonanzkreis liegt, und legt diesen Zeiger auf die reelle Achse. Der in die Schaltung fließende Strom $\underline{I}$ teilt sich in 3 Ströme auf: den Strom $\underline{I}_C$ durch die Kapazität, den Strom $\underline{I}_G$ durch den Wirkleitwert und den Strom $\underline{I}_L$ durch die Induktivität. Der Zeiger $\underline{I}_G$ liegt parallel zu $\underline{U}$ auf der reellen Achse. Der Zeiger $\underline{I}_L$ steht senkrecht auf $\underline{U}$ und zeigt nach unten; Phasendifferenz $-\pi/2$ gegenüber $\underline{U}$ nach (130). Der Zeiger $\underline{I}_C$ steht ebenfalls senkrecht auf $\underline{U}$, zeigt aber nach oben; Phasendifferenz $\pi/2$ gegenüber $\underline{U}$ nach (135). Nach obiger Voraussetzung über die Frequenz ist $I_C < I_L$. Der Summenzeiger

$$\underline{I} = \underline{I}_G + \underline{I}_L + \underline{I}_C \tag{285}$$

zeigt also schräg nach unten. Die Länge des Stromzeigers ist nach (264)

$$I = U \cdot \sqrt{G_R^2 + (\omega C - \frac{1}{\omega L})^2}. \tag{286}$$

Die Phasendifferenz φ zwischen Spannung $\underline{U}$ und Strom $\underline{I}$ berechnet man aus (264) nach (100) und (175)

$$\tan \varphi = - \tan \vartheta = \frac{\frac{1}{\omega L} - \omega C}{G_R} . \qquad (287)$$

Es ist zweckmäßig sich die Stromverteilung im Parallelresonanzkreis auch anhand von Abb. 55 vorzustellen. Abb. 55a zeigt den Zustand bei einer Fre-

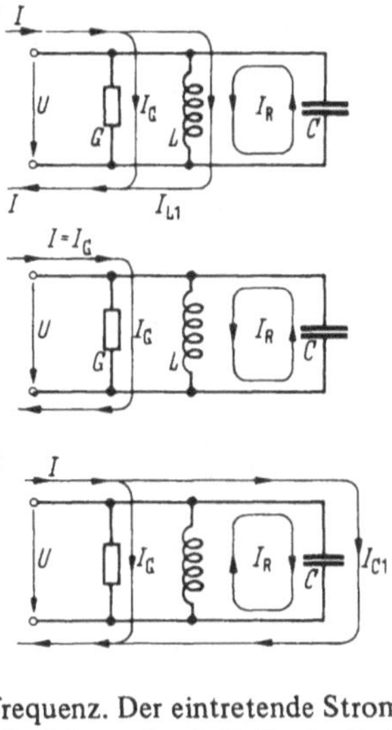

Abb. 55. Ströme im Parallelresonanzkreis

quenz, die kleiner ist als die Resonanzfrequenz. Der eintretende Strom $\underline{I}$ verteilt sich auf den Leitwert G als Bestandteil $\underline{I}_G$ und auf die Spule. Es fließt zusätzlich ein Ringstrom $\underline{I}_R$ durch L und C. Der Strom $\underline{I}_L$ durch die Induktivität setzt sich zusammen aus diesem Ringstrom und einem aus dem Eingangsstrom $\underline{I}$ entnommenen Anteil $\underline{I}_{L_1}$.

$$\underline{I}_L = \underline{I}_{L_1} + \underline{I}_R = - j \frac{1}{\omega L} \underline{U}; \qquad (288)$$

$$\underline{I}_R = - j \, \omega C \, \underline{U}; \; \underline{I}_{L_1} = - j \left(\frac{1}{\omega L} - \omega C\right) \underline{U} = jB \, \underline{U}. \qquad (289)$$

Diese Ströme haben die in Abb. 55a gezeichnete Richtung. Je mehr man sich der Resonanzfrequenz nähert, desto kleiner wird $\underline{I}_{L_1}$. Bei der Resonanzfrequenz ist $\underline{I}_{L_1}$ nach (255) gleich Null, und es fließt in den Blindwiderständen nur $\underline{I}_R$; vgl. Abb. 55b. Es ist $\underline{I} = \underline{I}_G$. Oberhalb der Resonanzfrequenz liefert der eingespeiste Strom $\underline{I}$ einen Teil $\underline{I}_{C_1}$ des Stromes $\underline{I}_C$ durch die Kapazität C, der restliche Strom ist der Ringstrom $\underline{I}_R$. Für die in Abb. 55c gezeichneten Stromrichtungen gilt

$$\underline{I}_R = j\,\frac{1}{\omega L}\,\underline{U};\quad \underline{I}_{C_1} = j\left(\omega C - \frac{1}{\omega L}\right)\underline{U} = jB\,\underline{U}. \tag{290}$$

Mehrfachresonanzen: Wenn mehr als 2 Blindwiderstände kombiniert werden, entstehen Schaltungen, die mehrere Resonanzfrequenzen besitzen können. Im folgenden wird eine einfache Kombination aus 3 Blindwiderständen betrachtet. Die Verluste werden dabei vernachlässigt.

Der Parallelresonanzkreis der Abb. 45 ist in Abb. 56 durch eine Serienkapazität C_S ergänzt worden. Dem Blindwiderstand X des Parallelkreises nach (273)

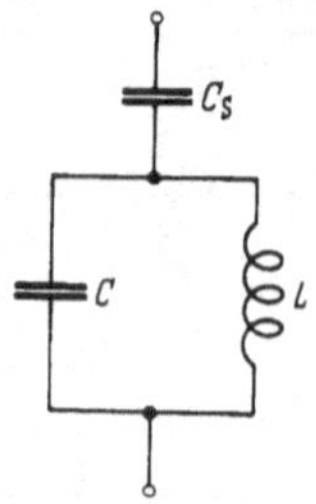

Abb. 56. Schaltung aus 3 Blindwiderständen

und Abb. 46b ist der Blindwiderstand $X_C = -1/(\omega C_S)$ der Serienkapazität zuzuschalten. Den Gesamtwiderstand X_{ges} der Schaltung Abb. 56

$$jX_{ges} = -j\left[\frac{1}{\omega C_S} + \frac{1}{\omega C - \frac{1}{\omega L}}\right] \tag{291}$$

zeigt Abb. 57 für die Zahlenwerte der Abb. 46 mit $C_S = 180$ nF. An der Stelle, an der der Blindwiderstand X des Parallelresonanzkreises gleich $1/\omega C_S$ ist, entsteht $X_{ges} = 0$, also eine Resonanzfrequenz f_{R_1}, bei der das Verhalten der Schaltung ähnlich wie bei einem Serienresonanzkreis ist. An die Stelle der Induktivität in Abb. 37 tritt hier bei der Serienresonanz der induktive Blindwiderstand des Parallelresonanzkreises. Aus $X_{ges} = 0$ folgt nach (291) für die Resonanzfrequenz f_{R_1}:

$$\omega_{R_1} = \frac{1}{\sqrt{L\,(C + C_S)}}. \tag{292}$$

Die Unendlichkeitsstelle des Blindwiderstandes in Abb. 57, die der Parallelresonanzkreis für sich allein bereits in Abb. 46 zeigt, bleibt hier bei der Frequenz f_{R_2} bestehen. Die Resonanzfrequenz f_{R_2} ist daher weiterhin durch (216) gegeben.

$$\omega_{R_2} = \frac{1}{\sqrt{LC}}. \tag{293}$$

Für die Frequenzabhängigkeit des Blindwiderstandes und des Blindleitwerts beliebiger Kombinationen verlustfreier Blindwiderstände gibt es einige einfache Regeln, die aus den bisher entwickelten Kurven erkannt werden können. Ein allgemeiner Beweis ist hier zwar nicht möglich, aber der Nutzen dieser

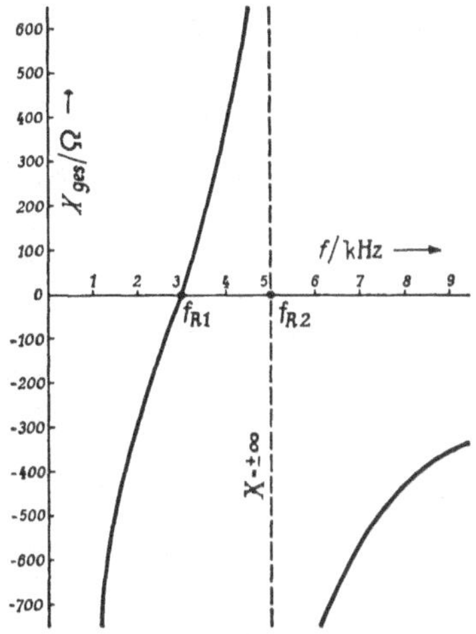

Abb. 57. Blindwiderstand der Schaltung von Abb. 56

Regeln für die praktische Anwendung ist so groß, daß sie hier angegeben werden sollen: Sowohl der Widerstand wie der Leitwert wachsen stets mit wachsender Frequenz; Beispiele in den Abb. 38, 46 und 57. An ihren Unendlichkeitstellen springen sie von ∞ nach − ∞. Wenn man n Blindwiderstände kombiniert, so treten maximal (n − 1) Resonanzfrequenzen auf, im allgemeinen jedoch weniger. Wenn man möglichst viele Resonanzstellen erzeugen will, wechsle man möglichst oft mit Serien- und Parallelschaltung ab (wie in Abb. 56) und mache die Anzahl der verwendeten Induktivitäten und die Anzahl der verwendeten Kapazitäten möglichst gleich groß. Auf eine Nullstelle des Widerstandes oder des Leitwerts folgt (wenn überhaupt) eine Unendlichkeitsstelle und umgekehrt. Kombination von Blindwiderständen ist nur in 2 Formen möglich: a) Schaltungen, die bei der Frequenz 0 mit dem Blindwiderstand 0 beginnen. Beispiele hierzu sind die reine Induktivität nach (127) und der Parallelresonanzkreis nach Abb. 46b. Alle Schaltungen, die dieses Verhalten zeigen, sind daran zu erkennen, daß sie bei Gleichstrom (f = 0) den Widerstand Null haben. Die niedrigste Resonanzfrequenz ist eine Unendlichkeitsstelle. b) Schaltungen, die bei der Frequenz 0 mit dem Blindwiderstand $-\infty$ beginnen. Beispiele hierzu sind die reine Kapazität nach (137), der Serienresonanzkreis nach Abb. 38 und die Schaltung nach Abb. 56. Alle diese Schaltungen sind daran zu erkennen, daß sie für Gleichstrom keinen Durchgang haben. Ihre niedrigste Resonanzfrequenz ergibt eine Nullstelle des X_{ges}.

Wenn X_{ges} eine dieser beiden Formen hat, hat der zugehörige Leitwert $B_{ges} = -1/X_{ges}$ jeweils die andere Form.

IV. Netzwerke mit Quellen

IV,1. Die Spannungsquelle

Zur vollständigen Berechnung der Vorgänge in einer Schaltung gehört die quantitative Kenntnis der Spannungsquelle. *Bei Gleichstrom* beschreibt man das Verhalten einer Spannungsquelle durch ihre Leerlaufspannung u_0 und ihren Innenwiderstand R_i. Bei gegebenem Verbraucher R_a ist dann die Spannung u am Verbraucher und der Strom i im Verbraucher

$$u = u_0 \frac{R_a}{R_a + R_i}; \quad i = u_0 \frac{1}{R_a + R_i}. \tag{294}$$

Die vom Verbraucher aufgenommene Leistung

$$P_W = u \cdot i = u_0^2 \frac{R_a}{(R_a + R_i)^2} \tag{295}$$

erreicht ihr Maximum bei Anpassung ($R_a = R_i$):

$$P_{W_{max}} = \frac{1}{4} \frac{u_0^2}{R_i}. \tag{296}$$

Bei Wechselstrom kommt man zu analogen Formeln. Die Spannungsquelle (Abb. 58) enthält irgendeine spannungserzeugende Ursache und einen inneren Widerstand. In den meisten Fällen braucht man sich für die Vorgänge im Innern der Quelle nicht zu interessieren, sondern nur für die Wirkungen, die die Quelle nach außen hin erkennen läßt. Auf folgende Weise kommt man zu einer einwandfreien Beschreibung des Verhaltens einer Quelle: Belastet man die Quelle mit einem Widerstand $\underline{Z}_a$ nach Abb. 58a, so fließt ein Strom $\underline{I}$ und an $\underline{Z}_a$ entsteht eine Spannung $\underline{U}$. Im Leerlauf mit $\underline{Z}_a = \infty$ nach Abb. 58b fließt

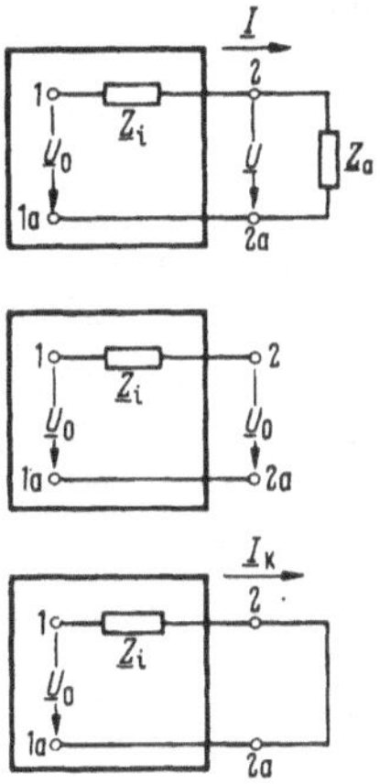

Abb. 58. Spannungsquelle

kein Strom, und man mißt zwischen den Klemmen des Generators die Leerlaufwechselspannung mit dem reellen Momentanwert $u_0 = U_0 \cdot \cos(\omega t + \chi_0)$ und der komplexen Amplitude $\underline{U}_0 = U_0 \cdot e^{j\chi_0}$; im Kurzschluß mit $\underline{Z}_a = 0$ nach Abb. 58c mißt man den Kurzschlußstrom mit dem reellen Momentanwert $i_K = I_K \cdot \cos(\omega t + \psi_k)$ und der komplexen Amplitude $\underline{I}_K = \underline{I}_K \cdot e^{j\psi_k}$. $\underline{U}_0$ und $\underline{I}_K$ sind meßbare Größen, aus denen man das Verhalten der Quelle bei beliebiger Last $\underline{Z}_a$ berechnen kann. Es ist üblich, für diese weiteren Berechnungen einen Innenwiderstand $\underline{Z}_i$ der Quelle zu definieren. Der Innenwiderstand wird in sinngemäßer Erweiterung der Gleichstromformeln als komplexer Widerstand $\underline{Z}_i$ durch folgende Definition festgelegt:

$$\underline{Z}_i = R_i + jX_i = \frac{\underline{U}_0}{\underline{I}_K} = \frac{U_0}{I_K} \cdot e^{j(\chi_0 - \psi_k)} = |\, Z_i \,| \cdot e^{j\varphi_i}. \qquad (297)$$

Der Absolutwert des komplexen Innenwiderstandes gibt das Verhältnis des Scheitelwerts der Leerlaufspannung zum Scheitelwert des Kurzschlußstroms, seine Phase die Differenz der Phasen von Leerlaufspannung und Kurzschlußstrom. Entzieht der Verbraucher $\underline{Z}_a = R_a + jX_a$ (Abb. 58a) der Spannungsquelle einen Strom $\underline{I}$, so entsteht an $\underline{Z}_i$ die Spannung $\underline{I}\,\underline{Z}_i$, und an $\underline{Z}_a$ liegt die Spannung $\underline{U}_0 - \underline{I} \cdot \underline{Z}_i = \underline{U}$. Außerdem ist $\underline{U} = \underline{I} \cdot \underline{Z}_a$. Daraus ergeben sich die den Gleichstromformeln (294) entsprechenden Gleichungen, die das Verhalten des Stromkreises in Abb. 58a bestimmen:

$$\underline{U} = \underline{U}_0 \frac{\underline{Z}_a}{\underline{Z}_a + \underline{Z}_i}; \quad \underline{I} = \frac{\underline{U}_0}{\underline{Z}_a + \underline{Z}_i}. \qquad (298)$$

Ob und in welcher Form ein solcher Innenwiderstand wirklich existiert, ist für das rein formale Rechnen ohne Bedeutung. Ausschlaggebend ist die Tatsache, daß die Formeln die Vorgänge außerhalb der Quelle richtig beschreiben, wenn man das durch (297) definierte $\underline{Z}_i$ verwendet. Man rechnet rein formal am einfachsten, wenn man sich nach Abb. 58a im Innern der Quelle zwei Klemmen 1 und 1a denkt, zwischen denen eine gedachte Spannung $\underline{U}_0$ liegt, die unabhängig von der Belastung durch den Strom $\underline{I}$ ist.

Der Absolutwert der Scheinleistung im Verbraucher $\underline{Z}_a$ lautet nach (298) in Analogie zu (295)

$$P_S = \frac{1}{2} U I = \frac{1}{2} U_0^2 \cdot \left| \frac{\underline{Z}_a}{(\underline{Z}_a + \underline{Z}_i)^2} \right|. \tag{299}$$

Die Wirkleistung im Verbraucher lautet nach (112) mit $\underline{Z}_a = R_a + jX_a$

$$P_W = \frac{1}{2} I^2 \cdot R_a = \frac{1}{2} \frac{U_0^2 \cdot R_a}{|\underline{Z}_a + \underline{Z}_i|^2}$$
$$= \frac{1}{2} \frac{U_0^2 \cdot R_a}{(R_a + R_i)^2 + (X_a + X_i)^2}. \tag{300}$$

Gegenüber der Gleichstromformel (295) tritt also wie in (112) der Faktor $^1/_2$ auf, daneben aber im Nenner die Größe $(X_i + X_a)^2$, die den Einfluß der Blindkomponenten des Innenwiderstandes und des Verbrauchers angibt.

Es interessieren die Bedingungen für *maximale Leistung bei gegebenem Innenwiderstand* $\underline{Z}_i$: 1. Bei gegebenen Wirkkomponenten $(R_i + R_a)$ wird P_w am größten, wenn der Nenner am kleinsten ist. Wenn man die Blindkomponente jX_a verändert, wird der Nenner am kleinsten, wenn $X_i + X_a = 0$, also

$$X_a = -X_i \tag{301}$$

ist. 2. Wenn die Bedingung (301) erfüllt ist, besteht bis auf den Faktor $^1/_2$ die Gleichstromformel (295), und maximale Leistung gibt es wie bei Gleichstrom für einen Verbraucher mit der Wirkkomponente

$$R_a = R_i \tag{302}$$

(Anpassung). Es ist dann die maximal mögliche Wirkleistung, die dem optimalen Verbraucher $\underline{Z}_a = R_i - jX_i$ zugeführt wird,

$$P_{W\,max} = \frac{1}{8} \frac{U_0^2}{R_i} \tag{303}$$

und nach (300) allgemein für einen Verbraucher $\underline{Z}_a = R_a + jX_a$ beliebiger Größe

$$P_W = P_{W\,max} \frac{4 R_a R_i}{(R_a + R_i)^2 + (X_a + X_i)^2}. \tag{304}$$

Das Wirkleistungsdiagramm: Zur Auswertung der relativ komplizierten Formel (304) hat A. Weißfloch ein einfaches Kreisdiagramm angegeben, das im folgenden abgeleitet werden soll. Der jeweils betrachtete Widerstand $\underline{Z}_a$ sei in der Widerstandsebene als Punkt $\underline{Z}_a$ mit den rechtwinkligen Koordinaten R_a und X_a dargestellt (Abb. 59). Es sollen alle Punkte $\underline{Z}_a$ gesucht werden, die aus der Spannungsquelle mit dem Innenwiderstand $\underline{Z}_i$ die *gleiche* Leistung P_W entnehmen. Die Verbindungslinie all dieser Punkte ist eine Kurve in der komplexen Zahlenebene, die durch eine Gleichung zwischen den Koordinaten R_a und X_a des $\underline{Z}_a$ festgelegt wird. Die Gleichung dieser

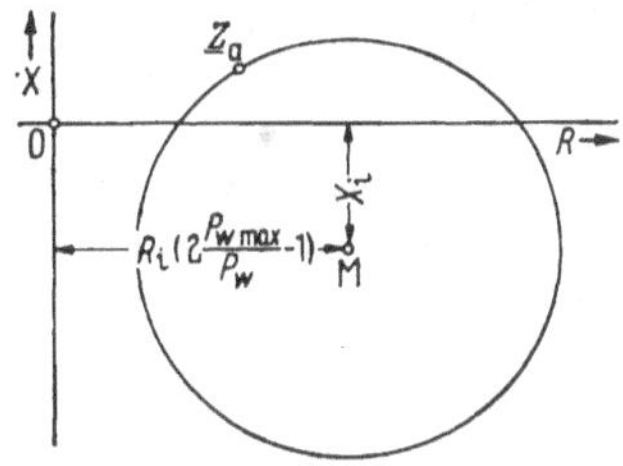

Abb. 59. Kreis konstanter Wirkleistung

Kurve ist (304), wobei jetzt P_W und $P_{W\,max}$ als gegebene konstante Zahlen anzusehen sind. Diese Gleichung soll so umgebaut werden, daß man den Charakter der Kurve durch Vergleich mit bekannten Kurvengleichungen erkennen kann. Aus (304) folgt

$$(R_a + R_i)^2 + (X_a + X_i)^2 = 4\,R_a\,R_i\,\frac{P_{W\,max}}{P_W}. \tag{305}$$

Eine einfache Umstellung ergibt daraus die Kreisgleichung:

$$\left[R_a - R_i\left(2\,\frac{P_{W\,max}}{P_W} - 1\right)\right]^2 + (X_a + X_i)^2 = 4\,\frac{P_{W\,max}}{P_W}\left(\frac{P_{W\,max}}{P_W} - 1\right) R_i^2. \tag{306}$$

Der Mittelpunkt M dieses Kreises hat die rechtwinkligen Koordinaten

$$R_M = R_i\left(2\,\frac{P_{W\,max}}{P_W} - 1\right);\quad X_M = -X_i. \tag{307}$$

Er hat den Radius

$$r = 2\,R_i\sqrt{\frac{P_{W\,max}}{P_W}\left(\frac{P_{W\,max}}{P_W} - 1\right)}. \tag{308}$$

Einen solchen Kreis zeigt Abb. 59. In Abb. 60 ist eine Serie solcher Kreise mit verschiedenem $P_W/P_{W\,max}$ gezeichnet. Für $P_W/P_{W\,max} = 1$, also $P_W = P_{W\,max}$, ist $r = 0$. Dort erhält man nach (307) den Einzelpunkt $R_M = R_i$ und $X_M = -X_i$ wie in (301) und (302). Um diesen Punkt herum liegen alle Kreise mit

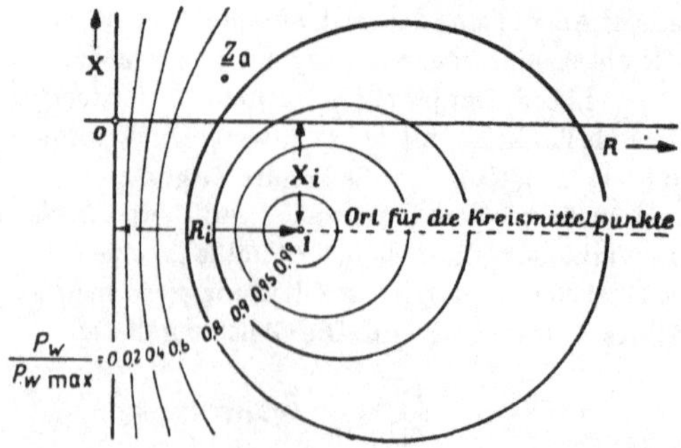

Abb. 60. Kreise konstanter Wirkleistung

$P_W/P_{W\,max} < 1$. Die Mittelpunkte der Kreise liegen nach (307) alle auf der waagerechten Geraden $X_M = - X_i$; sie wandern mit abnehmendem $P_W/P_{W\,max}$ nach rechts. Für $P_W/P_{W\,max} = 0$, also $P_W = 0$, erhält man die imaginäre Achse

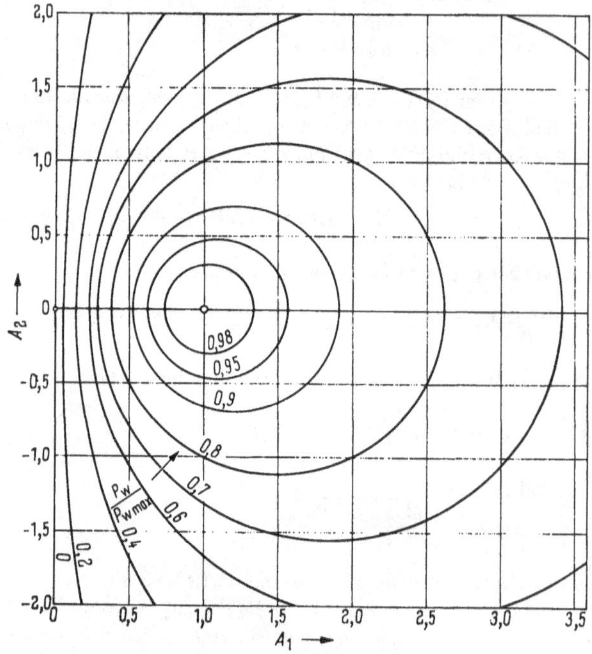

Abb. 61. Wirkleistungsdiagramm

($r = \infty$; $R_M = \infty$). Wenn nun ein bestimmtes $\underline{Z}_a$ gegeben ist, trage man es als Punkt in Abb. 60 ein und findet aus den Parametern der beiden benachbarten Kreise durch Interpolation das zugehörige $P_W/P_{W\,max}$. Das $P_{W\,max}$ berechnet man für die gegebene Quelle aus (303) und $P_W = P_{W\,max} \cdot P_W/P_{W\,max}$. Für das in Abb. 60 gezeichnete $\underline{Z}_a$ ist $P_W/P_{W\,max} = 0{,}72$. Wenn man für alle Quellen das gleiche Kreisdiagramm verwenden will, führt man eine neutrale komplexe Zahl

$$\underline{A} = A_1 + jA_2; \tag{309}$$

$$A_1 = \frac{R_a}{R_i}; \; A_2 = \frac{X_a + X_i}{R_i} \tag{310}$$

ein.

Dann gilt statt (304), nachdem Zähler und Nenner durch R_i^2 geteilt wurden,

$$\frac{P_W}{P_{W\,max}} = \frac{4\,A_1}{(A_1 + 1)^2 + A_2^2}. \tag{311}$$

Die Kreise konstanter Wirkleistung nach (306) haben die Gleichung

$$[A_1 - (2\frac{P_{W\,max}}{P_W} - 1)]^2 + A_2^2 = 4\,\frac{P_{W\,max}}{P_W}\,(\frac{P_{W\,max}}{P_W} - 1). \tag{312}$$

Diese Kreise zeigt Abb. 61. Man berechnet also $\underline{A}$ nach (310), trägt den Punkt $\underline{A}$ in Abb. 61 ein und liest dort $P_W/P_{W\,max}$ ab.

IV,2. Die Stromquelle

Wenn die Schaltung nicht durch ihre Widerstandskomponenten R_a und jX_a, sondern durch Leitwertkomponenten gegeben ist, wird die Anwendung der Gl. (298) bis (304) schwierig. Es ist dann zweckmäßig, nicht mehr die Leerlaufspannung, sondern den Kurzschlußstrom $\underline{I}_K$ als Ausgangspunkt zu benutzen. Nach (297) ist

$$\underline{I}_K = \frac{\underline{\underline{U}}_0}{\underline{Z}_i}; \; \underline{\underline{U}}_0 = \underline{I}_K \cdot \underline{Z}_i. \tag{313}$$

Statt des Verbrauchers $\underline{Z}_a$ tritt in den folgenden Formeln sein Leitwert $\underline{Y}_a = 1/\underline{Z}_a$ und statt des Innenwiderstandes $\underline{Z}_i$ sein Reziprokwert $\underline{Y}_i = 1/\underline{Z}_i$ auf. Aus (298) wird dann

$$\underline{I} = \frac{\underline{\underline{U}}_0}{\underline{Z}_a + \underline{Z}_i} = \frac{\underline{\underline{U}}_0}{\underline{Z}_i} \cdot \frac{1}{1 + \underline{Z}_a/\underline{Z}_i} = \underline{I}_K \frac{1}{1 + \underline{Y}_i/\underline{Y}_a} = \underline{I}_K \frac{\underline{Y}_a}{\underline{Y}_a + \underline{Y}_i}; \tag{314}$$

$$\underline{U} = \frac{\underline{\underline{U}}_0 \cdot \underline{Z}_a}{\underline{Z}_a + \underline{Z}_i} = \frac{\underline{\underline{U}}_0}{\underline{Z}_i} \cdot \frac{\underline{Z}_a \cdot \underline{Z}_i}{\underline{Z}_a + \underline{Z}_i} = \underline{I}_K \frac{1}{1/\underline{Z}_i + 1/\underline{Z}_a} = \underline{I}_K \frac{1}{\underline{Y}_a + \underline{Y}_i}. \tag{315}$$

Dies sind dann die geeigneten Gleichungen für das Rechnen mit Leitwerten. Man gewinnt dementsprechend aus (300) durch Umtausch von $\underline{U}_0$ gegen $\underline{I}_K$ und von $\underline{Z}$ gegen $\underline{Y}$

$$P_W = \frac{1}{2} U^2 \cdot G_a = \frac{1}{2} \frac{I_K^2 \cdot G_a}{(G_a + G_i)^2 + (B_a + B_i)^2}. \tag{316}$$

Die maximale Leistung

$$P_{W\,max} = \frac{1}{8} \frac{I_K^2}{G_i} \tag{317}$$

wird unter den Bedingungen

$$B_a = - B_i; \; G_a = G_i \tag{318}$$

abgegeben. Wie in (304) ist jetzt

$$\frac{P_W}{P_{W\,max}} = \frac{4\, G_a\, G_i}{(G_a + G_i)^2 + (B_a + B_i)^2}. \tag{319}$$

Die formale Ähnlichkeit mit (304) läßt auch hier die Anwendung des Diagramms der Abb. 61 zur Berechnung von $P_W/P_{W\,max}$ zu. Man berechnet hier die neutrale komplexe Zahl

$$\underline{A} = A_1 + jA_2; \tag{320}$$

$$A_1 = \frac{G_a}{G_i}; \; A_2 = \frac{B_a + B_i}{G_i}. \tag{321}$$

Man zeichnet dieses $\underline{A}$ in Abb. 61 ein und entnimmt $P_W/P_{W\,max}$.

Formale Veranschaulichung der Gl. (314) und (315): Die Parallelschaltung zweier Leitwerte $\underline{Y}_a$ und $\underline{Y}_i$ hat nach (155) den resultierenden Leitwert $(\underline{Y}_a + \underline{Y}_i)$. Fließt durch diese Kombination ein Strom $\underline{I}_k$, so entsteht an ihr die Spannung $\underline{U} = \underline{I}_k/(\underline{Y}_a + \underline{Y}_i)$; man vergleiche (315). Durch den Teilleitwert $\underline{Y}_a$ fließt der Strom $\underline{I} = \underline{I}_k \cdot \underline{Y}_a/(\underline{Y}_a + \underline{Y}_i)$; man vergleiche (314). Die Gleichungen (314) und (315) kann man auch so entstanden denken, als ob ein gegebener Strom $\underline{I}_k$ durch die *Parallelschaltung* des Innenwiderstandes $\underline{Y}_i$ und des Verbrauchers $\underline{Y}_a$ fließt. Man kann sich also die Wirkung einer Quelle so vorstellen, als ob im Innern der Quelle nach Abb. 62b zwei Klemmen 1 und 1a wären, zwischen denen ein Strom $\underline{I}_k$ fließt, der unabhängig von der außen an

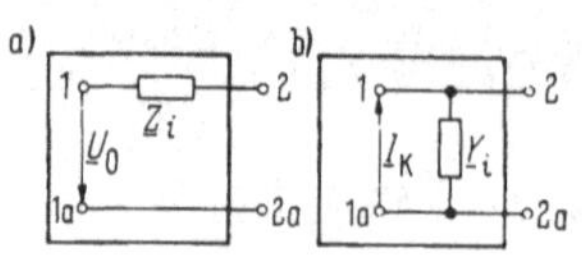

Abb. 62. Spannungsquelle und äquivalente Stromquelle

den Klemmen 2 und 2a angeschlossenen Belastung ist. Parallel zu diesen Klemmen liegt der innere Leitwert der Quelle. Im Gegensatz zu der durch Leerlaufspannung $\underline{U}_0$ und Innenwiderstand $\underline{Z}_i$ in *Serie* zum Verbraucher dargestellten „Spannungsquelle" nach Abb. 62a nennt man dies neue, durch Kurzschlußstrom und inneren Leitwert $\underline{Y}_i$ *parallel* zum Leitwert $\underline{Y}_a$ des Verbrauchers beschriebene Gebilde eine „Stromquelle". Der Zusammenhang zwischen den Daten der Spannungsquelle und der gleichwertigen Stromquelle lautet

$$\underline{I}_k = \underline{U}_0/\underline{Z}_i; \; \underline{U}_0 = \underline{I}_k \cdot \underline{Z}_i; \; \underline{Z}_i = 1/\underline{Y}_i. \tag{322}$$

Spannungsquelle und Stromquelle sind zwei verschiedenartige, rein formale Beschreibungen des Verhaltens der gleichen Quelle und führen zum gleichen Resultat, soweit es den Strom $\underline{I}$ im Verbraucher $\underline{Z}_a$ und die Spannung $\underline{U}$ am Verbraucher betrifft. Dagegen braucht z. B. die angenommene Spannung an $\underline{Z}_i$ im Ersatzbild der Spannungsquelle nach Abb. 62a oder der angenommene Strom durch $\underline{Y}_i$ im Ersatzbild der Stromquelle nach Abb. 62b durchaus keine physikalische Realität zu sein. Man darf sie nur als formale Hilfsmittel betrachten. Eine Quelle tritt nach außen nur durch ihre zwei Ausgangsklemmen als Lieferant eines Stromes $\underline{I}$ nach den genannten Gesetzen in Erscheinung. Was im Innern eines solchen Gebildes, das in Abb. 62a und b eingerahmt ist, wirklich vorgeht, interessiert für die Berechnung nicht. Die eingezeichnete Schaltung ist eben nur ein „Ersatzbild". In einem Fall denkt man sich die Spannung $\underline{U}$ am Verbraucher aus der nach Abb. 62a in der Quelle zwischen den Punkten 1 und 1a vorhandenen, dort belastungsunabhängigen Leerlaufspannung $\underline{U}_0$ und der Spannung $\underline{U}_i = \underline{I}\,\underline{Z}_i$ am Innenwiderstand entstanden:

$$\underline{U} = \underline{U}_0 - \underline{I} \cdot \underline{Z}_i. \tag{323}$$

Im anderen Fall besteht nach Vertauschung der Bezeichnungen die Vorstellung, daß der Strom im Verbraucher aus dem in der Quelle nach Abb. 62b zwischen den Punkten 1 und 1a fließenden, belastungsunabhängigen Strom $\underline{I}_k$ durch Abzweigung des Stromanteils $\underline{I}_i = \underline{U}\,\underline{Y}_i$ entsteht, den man sich durch den inneren Leitwert $\underline{Y}_i$ nach Abb. 81b fließend denkt:

$$\underline{I} = \underline{I}_k - \underline{U}\,\underline{Y}_i. \tag{324}$$

Die formale Ähnlichkeit der Formeln für Spannungsquelle und Stromquelle bei Vertauschen von Strom und Spannung macht das Arbeiten sehr einfach.

Mit einer Spannungsquelle rechnet man, wenn der Verbraucher als Widerstand gegeben ist, mit einer Stromquelle, wenn der Verbraucher als Leitwert gegeben ist. Einige Beispiele, die die zweckmäßige Wahl erläutern sollen, werden im folgenden gegeben.

Innenwiderstand Null: Für $\underline{Z}_i = 0$ erhält man aus (298) die charakteristische Aussage

$$\underline{U} = \underline{U}_0. \tag{325}$$

Die Spannung am Verbraucher ist unabhängig vom Belastungswiderstand, der Kurzschlußstrom unendlich groß. Eine solche Quelle nennt man auch eine „ideale" Spannungsquelle. Praktisch tritt diese Quelle nur in der Form auf, daß der Innenwiderstand $\underline{Z}_i$ sehr klein gegen alle vorkommenden Belastungswiderstände ist. Stets ist dann $\underline{I} = \underline{U}_0/\underline{Z}_a$.

Innenwiderstand unendlich: Für $\underline{Z}_i = \infty$ muß, wenn überhaupt Strom fließen soll, auch die Leerlaufspannung unendlich groß sein. Vernünftige Gleichungen gibt dann das Stromquellenersatzbild. Es ist $\underline{Y}_i = 0$, und man erhält aus (314) die charakteristische Aussage

$$\underline{I} = \underline{I}_k. \tag{326}$$

Bei $\underline{Z}_i = \infty$ ($\underline{Y}_i = 0$) ist der Strom unabhängig vom Verbraucher gleich dem Kurzschlußstrom. Eine solche Quelle nennt man eine „ideale" Stromquelle. Die Spannung am Verbraucher $\underline{Z}_a$ ($\underline{Y}_a = 1/\underline{Z}_a$) lautet dann $\underline{U} = \underline{I}_k \cdot \underline{Z}_a = \underline{I}_k/\underline{Y}_a$. In der Praxis bedeutet dies: Wenn der Innenwiderstand sehr groß gegen alle vorkommenden Verbraucher ist, ist der Strom im Verbraucher unabhängig von der Größe des Widerstandes. Ein Beispiel von Stromquellen mit sehr hohem Innenwiderstand, bei denen das Stromquellenersatzbild sehr günstig ist, sind manche Elektronenröhren und Transistoren.

Dualität: Das Gleichungspaar (298) und das Gleichungspaar (314) und (315) können formal ineinander übergeführt werden, wenn man Strom und Spannung, Widerstand und Leitwert vertauscht. Dies ermöglicht ein für die Praxis sehr bedeutsames, arbeitssparendes Verfahren. Wenn man eine bestimmte Schaltung quantitativ berechnet hat und die entsprechenden Formeln besitzt, kann man in diesen Formeln Strom durch Spannung, Spannung durch Strom, Widerstand durch Leitwert und Leitwert durch Widerstand ersetzen und erhält dadurch ein neues, quantitativ richtiges Formelsystem, das das Verhalten einer *anderen* Schaltung ohne zusätzliche Rechnung beschreibt. Diese zweite Schaltung nennt man „die zur ersten Schaltung duale Schaltung". Diese Dualität verdoppelt also die Erkenntnisse, die mit einer Berechnung gewonnen werden können. Es bleibt lediglich die Aufgabe, die duale Schaltung richtig zu zeichnen. Abb. 63 zeigt den einfachsten Fall einer Dualität: Das Duale zur Spannungsquelle in Abb. 63a ist die Stromquelle der Abb. 63b. Der Verbraucher in Abb. 63a ist die Serienschaltung zweier Verbraucher $\underline{Z}_1$ und $\underline{Z}_2$. Es ist dann in Abb. 63a

$$\underline{I} = \frac{\underline{U}_0}{\underline{Z}_i + \underline{Z}_1 + \underline{Z}_2}\,; \quad \underline{U} = \frac{\underline{U}_0\,(\underline{Z}_1 + \underline{Z}_2)}{\underline{Z}_i + \underline{Z}_1 + \underline{Z}_2}\,. \tag{327}$$

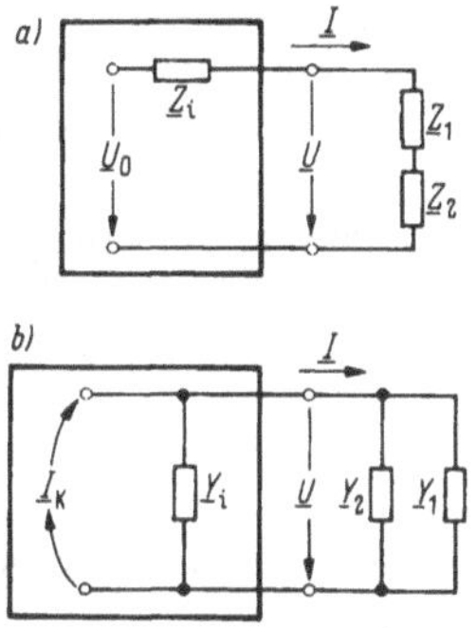

Abb. 63. Duale Schaltungen

Die hierzu dualen Gleichungen sind

$$\underline{U} = \frac{\underline{I}_k}{\underline{Y}_i + \underline{Y}_1 + \underline{Y}_2}; \ \underline{I} = \frac{\underline{I}_k (\underline{Y}_1 + \underline{Y}_2)}{\underline{Y}_i + \underline{Y}_1 + \underline{Y}_2}. \tag{328}$$

Dies sind die Gleichungen einer Stromquelle mit zwei parallelgeschalteten Verbrauchern $\underline{Y}_1$ und $\underline{Y}_2$ in Abb. 63b. Bei Anwendung des Dualitätsprinzips wird also aus einer Serienschaltung eine Parallelschaltung und umgekehrt. Etwas kompliziertere duale Schaltungen zeigen Abb. 82 und 83, wobei man in Abb. 82 z. B. die Klemmen 1 und 1a mit einer Spannungsquelle und in Abb. 83 die gleichen Klemmen mit einer dualen Stromquelle speist. In Abb. 82 schaltet man an die Klemmen 2 und 2a den Verbraucher als Widerstand, in Abb. 83 als Leitwert.

Wenn man sich nicht nur für eine einzige Frequenz interessiert, sondern das Verhalten der Schaltung in einem größeren Frequenzbereich studieren will, kann man in vielen Fällen auch eine frequenzunabhängige Dualität erreichen. Wenn man alle Induktivitäten durch Kapazitäten ersetzt und umgekehrt, wird beim Übergang zur dualen Schaltung aus dem Widerstand $j\omega L$ der Leitwert $j\omega C$ und aus dem Widerstand $-j \cdot 1/\omega C$ der Leitwert $-j \cdot 1/(\omega L)$, so daß auch die Frequenzabhängigkeit der Bestandteile erhalten bleibt. Duale Schaltungen in diesem Sinne sind Abb. 98 und Abb. 99 bei Belastung mit einem reinen Wirkwiderstand und Speisung durch eine Quelle mit reellem Innenwiderstand.

IV,3. Kompliziertere Quellen

Ebenso wie man nach Abb. 29 einen komplexen Verbraucher $\underline{Z}$ durch Serien- oder Parallelschaltung in einen anderen komplexen Widerstand verwandelt, kann man auch das Verhalten einer Spannungsquelle durch derartige Schaltmaßnahmen verändern.

Veränderungen einer Quelle durch Serienschaltung eines Widerstandes: Die Quelle, die nach dem Vorbild der Abb. 62 als rechteckiges Kästchen mit zwei Anschlußklemmen 2 und 2a dargestellt ist, wird durch Vorschalten eines Widerstandes $\underline{Z}$ nach Abb. 64 in eine neue Quelle verwandelt, die nun das Verhalten der Kombination bezüglich der neuen Ausgangsklemmen 3 und

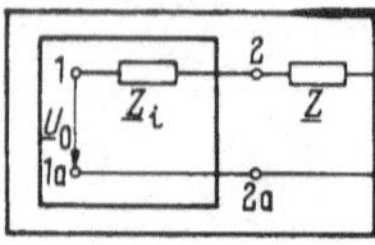

Abb. 64. Spannungsquelle mit Serienwiderstand

3a beschreiben soll. Man benutzt bei Serienschaltung das Spannungsquellenersatzbild. Im Leerlauf, d. h. ohne Belastungswiderstand besteht zwischen den Punkten 3 und 3a die *gleiche Leerlaufspannung* $\underline{U}_0$ wie vorher zwischen den Punkten 2 und 2a in Abb. 58b. Der Strom bei Kurzschluß zwischen den neuen Klemmen 3 und 3a ist jetzt $\underline{I}'_k = \underline{U}_0/(\underline{Z}_i + \underline{Z})$, der Innenwiderstand $\underline{Z}'_i$ der gesamten Quelle also nach der Definition (297)

$$\underline{Z}'_i = \frac{\underline{U}_0}{\underline{I}'_k} = \underline{Z}_i + \underline{Z}. \tag{329}$$

Wenn man einen unendlich großen Innenwiderstand erzeugen will (d. h. praktisch ein $\underline{Z}'_i$, das sehr groß gegen den Belastungswiderstand $\underline{Z}_a$ ist), vergrößert man den vorhandenen Innenwiderstand $\underline{Z}_i$ nach (329) durch Vorschalten eines sehr großen $\underline{Z}$ und stellt das zusätzliche $\underline{Z}$ oft durch eine sehr kleine Kapazität C mit dem sehr großen Widerstand $jX_C = -j \cdot 1/(\omega C)$ dar.

Veränderung einer Quelle durch Parallelschaltung eines Widerstandes: Man rechnet am besten mit dem Stromquellenersatzbild (Abb. 65). Die ursprüngliche Quelle ist durch ihren Kurzschlußstrom $\underline{I}_k$ und ihren inneren Leitwert $\underline{Y}_i$ beschrieben. Schaltet man einen zusätzlichen Leitwert $\underline{Y}$ an die Klemmen 2 und 2a, so entsteht eine neue Quelle mit den Klemmen 3 und 3a (Abb. 65). Legt man an die neuen Ausgangsklemmen 3 und 3a einen Kurzschluß, so fließt der *gleiche Kurzschlußstrom* $\underline{I}_k$ wie bei der früheren Quelle zwischen den Klemmen 2 und 2a in Abb. 62b. Es ist also lediglich der innere Leitwert durch die Parallelschaltung verändert worden. Die neue Leerlaufspannung ist nach (315) $\underline{U}'_0 = \underline{I}_k/(\underline{Y}_i + \underline{Y})$, also der neue innere Leitwert $\underline{Y}'_i$ als Quotient des Kurzschlußstroms und der Leerlaufspannung

$$\underline{Y}'_i = \frac{\underline{I}_k}{\underline{U}'_0} = \underline{Y}_i + \underline{Y}. \tag{330}$$

Dies ist eine bekannte Methode, um den Innenwiderstand einer Quelle zu verkleinern. Wenn man für Meßzwecke eine Quelle mit $\underline{Z}_i = 0$ (praktisch soll $\underline{Z}_i$ sehr klein gegen alle vorkommenden Belastungswiderstände sein) erzeugen will, benutzt man ein sehr großes zusätzliches $\underline{Y}$, z. B. eine sehr große Kapazität oder einen kleinen Wirkwiderstand parallel zu den Ausgangsklemmen einer gegebenen Quelle.

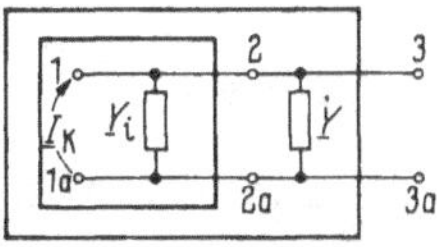

Abb. 65. Stromquelle mit Parallelwiderstand

Allgemeine Transformation einer Quelle: Aus den elementaren Schaltvorgängen der Abb. 64 und 65 kann man kompliziertere Transformationen zusammensetzen. Wenn man z. B. vor die Spannungsquelle einen Spannungsteiler nach Abb. 66 schaltet, so zerlegt man diesen Vorgang in zwei Schritte. Zu-

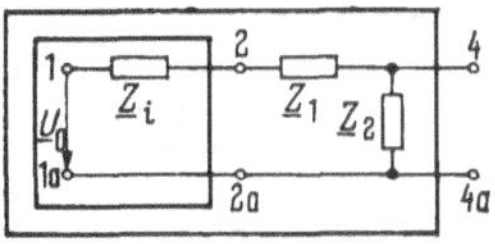

Abb. 66. Spannungsquelle mit Spannungsteiler

nächst schaltet man $\underline{Z}_1$ nach (329) in *Serie* zu $\underline{Z}_i$, wobei sich die Leerlaufspannung $\underline{U}_0$ nicht verändert (Abb. 67a). Der neue Innenwiderstand ist $(\underline{Z}_i + \underline{Z}_1)$ und der neue Kurzschlußstrom nach (298) $\underline{I}'_k = \underline{U}_0/(\underline{Z}_i + \underline{Z}_1)$. Dann

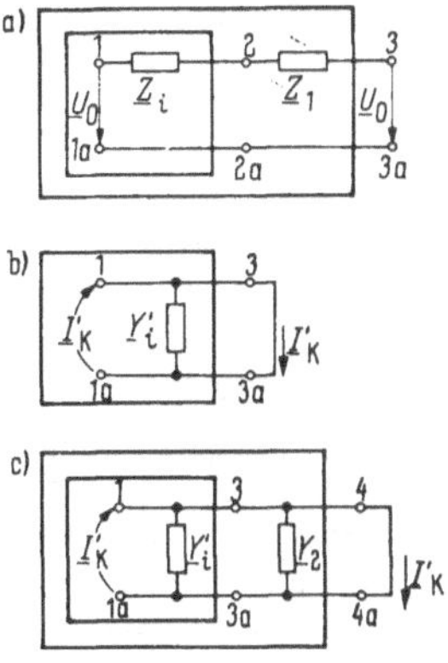

Abb. 67. Zur Berechnung der Transformation der Abb. 66

geht man auf das Stromquellenersatzbild über (Abb. 67b). Den inneren Leitwert $\underline{Y}_i' = 1/(\underline{Z}_i + \underline{Z}_1)$ gewinnt man mit Hilfe des Kreisdiagramms der Abb. 26 oder 27, in dem man die zu $\underline{Z}_i + \underline{Z}_1$ gehörenden Leitwertkomponenten direkt ablesen kann. *Parallel* zu dieser Stromquelle liegt dann in Abb. 66 der Widerstand $\underline{Z}_2$, bzw. der Leitwert $\underline{Y}_2 = 1/\underline{Z}_2$ (Abb. 67c), der sich nach (330) bei unverändertem Kurzschlußstrom zu $\underline{Y}_i'$ addiert. Die endgültige Stromquelle hat also den Kurzschlußstrom $\underline{I}_k'$ und den inneren Leitwert $\underline{Y}_i'' = \underline{Y}_i' + \underline{Y}_2$ an den Klemmen 4 und 4a. Als Spannungsquelle hat sie die Leerlaufspannung $\underline{U}_0'' = \underline{I}_k'/\underline{Y}_i''$ und den Innenwiderstand $\underline{Z}_i'' = 1/\underline{Y}_i''$.

Besonders einfach sind die Verhältnisse bei der Transformation mit Blindwiderständen, weil diese praktisch ohne Leistungsverlust erfolgt. Die Transformation der Innenwiderstände erfolgt dann nach Abb. 29, die Tranformation der inneren Leitwerte nach Abb. 30. Wenn eine Spannungsquelle mit der Leerlaufspannung $\underline{U}_o$ und dem Innenwiderstand $\underline{Z}_i$ (Wirkkomponente R_i) durch Blindwiderstände in eine Spannungsquelle mit der Leerlaufspannung $\underline{U}_0'$ und dem Innenwiderstand $\underline{Z}_i'$ (Wirkkomponente R_i') transformiert wird, so bleibt die maximal entnehmbare Wirkleistung die gleiche. Nach (303) ist also

$$P_{W\,max} = \frac{1}{8}\frac{U_0^2}{R_i} = \frac{1}{8}\frac{U_0'^2}{R_i'}. \tag{331}$$

$$\frac{U_0'}{U_0} = \sqrt{\frac{R_i'}{R_i}}. \tag{332}$$

Wenn eine Stromquelle mit dem Kurzschlußstrom $\underline{I}_k$ und dem inneren Leitwert $\underline{Y}_i$ (Wirkleitwert G_i) durch Blindwiderstände in eine Stromquelle mit dem Kurzschlußstrom $\underline{I}_k'$ und dem inneren Leitwert $\underline{Y}_i'$ (Wirkleitwert G_i') transformiert wird, so bleibt die maximal entnehmbare Wirkleistung die gleiche. Nach (317) ist also

$$P_{W\,max} = \frac{1}{8}\frac{I_k^2}{G_i} = \frac{1}{8}\frac{I_k'^2}{G_i'}.$$

Für die Scheitelwerte gilt

$$\frac{I_k'}{I_k} = \sqrt{\frac{G_i'}{G_i}}. \tag{333}$$

Wenn man mehrere Quellen gleicher Frequenz zu einer Gesamtquelle zusammenfassen will, so gilt der Überlagerungssatz: Man betrachtet jeweils nur die Wirkung *einer Quelle* und schaltet die Wirkung der anderen rein formal dadurch aus, daß man bei Verwendung des Spannungsquellenersatzbildes nach Abb. 62a zwischen die Klemmen 1 und 1a einen Kurzschluß legt und die Spannung $\underline{U}_0$ fortfallen läßt, oder bei Verwendung des Stromquellenersatzbildes nach

Abb. 62b den Strom $\underline{I}_k$ fortfallen läßt (wobei jedoch zwischen die Klemmen 1 und 1a kein Kurzschluß zu legen ist, sondern die Klemmen offen bleiben). Dann berechnet man die in der Schaltung erzeugten Ströme und Spannungen für jede Quelle einzeln und addiert abschließend die entsprechenden Werte für alle Quellen. Ein Netzwerk mit *mehreren* Quellen benötigt daher keine Rechenregeln, die über das hinaus gehen, was für *eine* Quelle an Regeln existiert. Die beiden einfachsten Beispiele sind die Serienschaltung zweier Quellen und die Parallelschaltung zweier Quellen.

Serienschaltung zweier Quellen gleicher Frequenz: Man verwendet für jede Quelle das Spannungsquellenersatzbild nach Abb. 62a. Abb. 68 zeigt die Serienschaltung zweier Quellen mit den Leerlaufspannungen $\underline{U}_{01}$ und $\underline{U}_{02}$ und den Innenwiderständen $\underline{Z}_{i1}$ und $\underline{Z}_{i2}$. Sie bilden zusammen eine neue Quelle mit den Klemmen 2 und 4a. Zwischen den Klemmen 1 und 1a liegt $\underline{U}_{01}$ als eine Spannungsquelle mit dem Innenwiderstand Null nach (325) und zwischen den Klemmen 3 und 3a das $\underline{U}_{02}$ als Spannungsquelle mit dem Innenwiderstand Null. Berechnet man die Wirkungen der Quelle $\underline{U}_{01}$ zwischen den Klemmen 2 und 4a, so liegt zwischen den Klemmen 3 und 3a der Widerstand Null. Berechnet man die Wirkungen der Quelle $\underline{U}_{02}$ zwischen den Klemmen 2 und 4a, so liegt zwischen den Klemmen 1 und 1a der Widerstand Null.

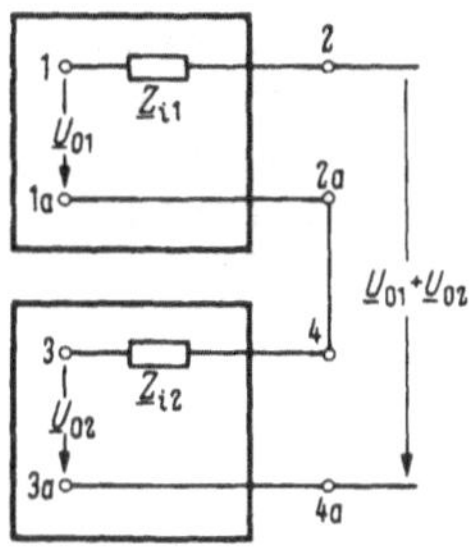

Abb. 68. Serienschaltung zweier Quellen

Es addieren sich die Ströme und Spannungen der Einzelquellen (Überlagerungssatz). Zwischen 2 und 4a entsteht in Abb. 68 die Leerlaufspannung

$$\underline{U}_{0S} = \underline{U}_{01} + \underline{U}_{02}$$

der Summenquelle. Macht man zwischen 2 und 4a einen Kurzschluß, so fließt in ihm der Kurzschlußstrom der Summenquelle

$$\underline{I}_{kS} = \frac{\underline{U}_{01}}{\underline{Z}_{i1} + \underline{Z}_{i2}} + \frac{\underline{U}_{02}}{\underline{Z}_{i1} + \underline{Z}_{i2}} = \frac{\underline{U}_{0S}}{\underline{Z}_{i1} + \underline{Z}_{i2}} .$$

Der Innenwiderstand der Summenquelle ist

$$\underline{Z}_{iS} = \frac{\underline{U}_{0S}}{\underline{I}_{kS}} = \underline{Z}_{i1} + \underline{Z}_{i2}.$$

Parallelschaltung zweier Quellen: Bei der Parallelschaltung von Quellen arbeitet man zweckmäßig mit dem Stromquellenersatzbild der Abb. 62b. Abb. 69 zeigt die Parallelschaltung zweier Quellen. Die inneren Leitwerte $\underline{Y}_{i1}$ und $\underline{Y}_{i2}$ liegen parallel zueinander zwischen den Klemmen 2 und 2a.

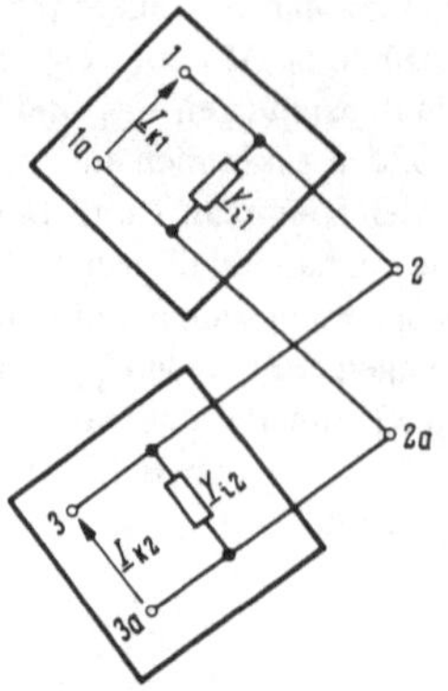

Abb. 69. Parallelschaltung zweier Quellen

Durch einen Kurzschluß zwischen den Punkten 2 und 2a fließt die Summe $\underline{I}_{k1} + \underline{I}_{k2}$ der Kurzschlußströme beider Quellen. Beide Quellen zusammen wirken wie eine Quelle mit dem inneren Leitwert $\underline{Y}_{i1} + \underline{Y}_{i2}$ und dem Kurzschlußstrom $\underline{I}_{k1} + \underline{I}_{k2}$. Wenn man das Verhalten dieser Parallelschaltung mit dem Spannungsquellenersatzbild berechnen würde, würden die Formeln sehr kompliziert. Auch bei der Berechnung von Netzwerken ist also die Wahl der zweckmäßigsten Methode von großer Bedeutung. Zwischen den Klemmen 1 und 1a in Abb. 69 liegt $\underline{I}_{k1}$ als ideale Stromquelle mit dem Innenwiderstand ∞ nach (326) und zwischen den Klemmen 3 und 3a des $\underline{I}_{k2}$ als ideale Stromquelle mit dem Innenwiderstand ∞. Berechnet man die Wirkung der Quelle $\underline{I}_{k1}$ in der Kombination von Abb. 69, so liegt zwischen den Klemmen 3 und 3a der Widerstand ∞; berechnet man die Wirkung der Quelle $\underline{I}_{k2}$, so liegt zwischen den Klemmen 1 und 1a der Widerstand ∞.

IV,4. Netzwerke

Eine Schaltung, die in beliebig komplizierter Weise aus Quellen, Blindwiderständen und Verbrauchern aufgebaut ist, nennt man ein Netzwerk. Wenn ein

Netzwerk mehrere Quellen enthält und aus linearen Widerständen besteht (d. h. die komplexen Widerstände unabhängig von der Stromstärke sind), berechnet man die entstehenden Ströme und Spannungen nach dem Überlagerungssatz. Es addieren sich die Momentanwerte der Ströme und Spannungen, die von den Einzelquellen getrennt erzeugt werden. Wenn die Quellen gleiche Frequenz haben, addieren sich auch die komplexen Amplituden. Berechnet man die Ströme und Spannungen einer Einzelquelle, so sind die Leerlaufspannungen der anderen Quellen kurzzuschließen (z. B. zwischen 3 und 3a in Abb. 68, wenn die Wirkung der Quelle $\underline{U}_{01}$ berechnet werden soll), oder die Kurzschlußströme der anderen Quellen durch unendlich große Widerstände zu ersetzen (z. B. zwischen 3 und 3a in Abb. 69, wenn die Wirkung der Quelle $\underline{I}_{k1}$ berechnet werden soll).

Netzwerk mit einer Quelle: Beispiel in Abb. 70. Unter einem Knotenpunkt oder einem Verzweigungspunkt versteht man einen Punkt der Schaltung, in dem mehr als zwei Leiter zusammenlaufen. Der Knotenpunkt K_2 der Abb. 70

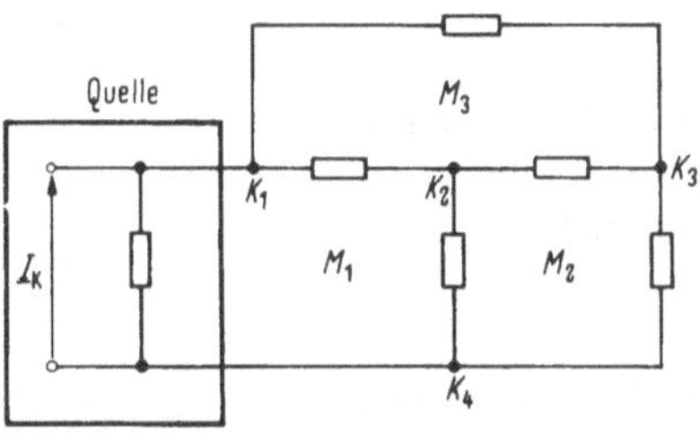

Abb. 70. Netzwerk mit Quelle

ist in Abb. 71 als Beispiel besonders gezeichnet. Unter einer Masche versteht man einen in sich geschlossenen Ring von Widerständen innerhalb der Schaltung. Die Schaltung der Abb. 70 hat 3 Maschen M_1 bis M_3, von denen M_3 in Abb. 72 besonders gezeichnet ist. Die Masche M_1, die die Quelle (zweckmäßig in Form eines Stromquellenersatzbildes) enthält, ist in Abb. 73 gezeichnet. Die folgenden Rechenregeln sind formal identisch mit den entsprechenden Regeln für Gleichstromkreise. Um die Vorzeichen der folgenden Gleichungen eindeutig festlegen zu können, müssen Bezugspfeile eingetragen werden. Jeder Zweig (Bereich zwischen benachbarten Knotenpunkten) der Schaltung benötigt einen Bezugspfeil. Die Richtung der Bezugspfeile ist frei wählbar. Fließt durch einen Widerstand ein Strom, dessen Richtung gleich der Richtung des Bezugspfeils ist, so ist der Zahlenwert des Stromes in die Gleichungen positiv einzusetzen. Fließt der Strom gegen die Richtung des

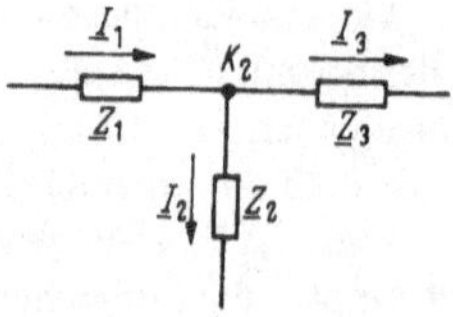

Abb. 71. Knotenpunkt

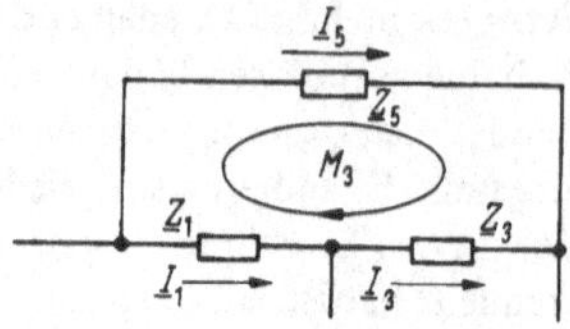

Abb. 72. Masche ohne Quelle

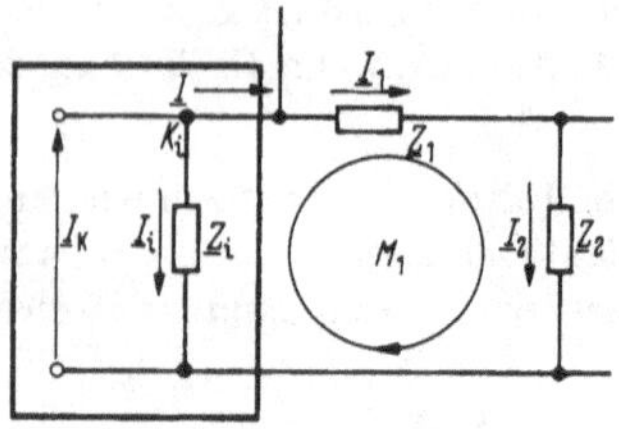

Abb. 73. Masche mit Quelle

Bezugspfeils, so ist sein Zahlenwert in die Gleichungen negativ einzusetzen. Wählt man im gezeichneten Knotenpunkt K_2 der Abb. 71 die gezeichneten Bezugspfeile der Ströme, so gilt

$$\underline{I}_1 = \underline{I}_2 + \underline{I}_3 \tag{334}$$

oder allgemein: Die Summe der in den Knotenpunkt in Richtung der Bezugspfeile hineinfließenden Ströme ist gleich der Summe der in Richtung der Bezugspfeile aus dem Knotenpunkt herausfließenden Ströme (Knotenregel). Maßgebend für das Hineinfließen oder Herausfließen ist hier die Richtung der Bezugspfeile, nicht die wirkliche Richtung des Stromes, weil der Zahlenwert des Stromes bereits durch die vorher genannte Wahl seines Vorzeichens stets das physikalisch richtige Gesetz (334) gibt. Eine solche Gleichung kann man für jeden Knotenpunkt aufstellen. An jedem Widerstand $\underline{Z}_n$ der Schaltung, der vom Strom $\underline{I}_n$ durchflossen wird, entsteht eine Spannung $\underline{U}_n = \underline{I}_n \cdot \underline{Z}_n$, deren Bezugspfeil die gleiche Richtung wie der Bezugspfeil des Stromes $\underline{I}_n$ hat, damit das Ohmsche Gesetz ein positives Vorzeichen erhält. Für jede Masche muß nun ein frei wählbarer Umlaufsinn festgelegt werden; Beispiel in Abb. 72. Man addiert sämtliche Spannungen der an der Masche beteiligten Widerstände, wobei die Spannung positiv gezählt wird, wenn der Bezugspfeil des Stromes mit dem Umlaufsinn der Masche übereinstimmt, und die Spannung negativ gezählt wird, wenn der Bezugspfeil des Stromes gegen den Umlaufsinn der Masche geht. Wenn die Masche keine Quelle enthält, muß die Summe der Spannungen Null sein. In Abb. 72 gilt (Maschenregel)

$$\underline{U}_5 - \underline{U}_1 - \underline{U}_3 = \underline{I}_5\,\underline{Z}_5 - \underline{I}_1\,\underline{Z}_1 - \underline{I}_3\,\underline{Z}_3 = 0. \tag{335}$$

Der Bezugspfeil des Stromes hat in $\underline{Z}_5$ die gleiche, in $\underline{Z}_3$ und $\underline{Z}_1$ die entgegengesetzte Richtung wie der Umlaufsinn der Masche. Für jede quellenfreie Masche kann man eine solche Gleichung aufstellen. Von besonderem Interesse ist die Masche M_1, die die Quelle enthält und in Abb. 73 dargestellt ist. In komplizierten Netzen bietet das Stromquellenersatzbild oft gewisse Vorteile für die formale Rechnung, so daß es hier verwendet wird. Es ist lediglich zu beachten, daß dann die Quelle einen inneren Knotenpunkt K_i hat, für den mit den in Abb. 73 gezeichneten Bezugspfeilen

$$\underline{I}_k = \underline{I}_i + \underline{I} \tag{336}$$

gilt. Der Kurzschlußstrom $\underline{I}_k$ teilt sich in den inneren Querstrom $\underline{I}_i$ durch $\underline{Z}_i$ und den nach außen in Erscheinung tretenden Strom $\underline{I}$ auf. An der Maschenregel für M_1 ist bei Verwendung des Stromquellenersatzbildes die Spannung $\underline{U}$ an $\underline{Z}_i$ beteiligt:

$$\underline{U}_1 + \underline{U}_2 - \underline{U} = \underline{I}_1\,\underline{Z}_1 + \underline{I}_2\,\underline{Z}_2 - \underline{I}_i\,\underline{Z}_i = 0. \tag{337}$$

$\underline{I}_i\,\underline{Z}_i$ ist die Spannung $\underline{U}$, die außen in Abb. 58a zwischen den Klemmen der Quelle erscheint, und $\underline{U}/\underline{I} = \underline{I}_i\,\underline{Z}_i/\underline{I}$ der komplexe Widerstand $\underline{Z}_a$ der gesamten Schaltung, mit dem die Quelle in Abb. 58a belastet ist. So gewinnt man ausreichend viele Gleichungen, um alle unbekannten Ströme und Spannungen zu berechnen. Manchmal erhält man nach obigen Verfahren mehr Gleichungen, als Unbekannte vorhanden sind. Dann sind einige dieser Gleichungen bereits in den anderen enthalten, und es gibt stets genau so viele voneinander unabhängige Bestimmungsgleichungen, wie Unbekannte vorhanden sind.

Das eben beschriebene Verfahren kann man abwandeln, wodurch in vielen Fällen der Rechnungsgang etwas vereinfacht wird. Man nimmt an, daß in jeder Masche ein in sich geschlossener Ringstrom $\underline{I}_M$ fließt. Für die Schaltung der Abb. 70 sind die Ringströme $\underline{I}_{Mn}$ in Abb. 74 gezeichnet. Der Umlaufsinn der Ringströme ist frei wählbar. Der Kurzschlußstrom $\underline{I}_k$ der Quelle fließt zwischen den Punkten 1 und 1a der Abb. 74 in einer offenen Masche M_i, die nur $\underline{Z}_i$ enthält. Der Strom in einem Widerstand ist die Summe der Maschenringströme, die durch ihn fließen, wobei das Vorzeichen der einzelnen Teilströme durch die verschiedenen Umlaufsinne der Ringströme bestimmt wird. Für den in Abb. 71 definierten Strom $\underline{I}_1$ durch $\underline{Z}_1$ gilt z. B. nach Abb. 74

$$\underline{I}_1 = \underline{I}_{M1} - \underline{I}_{M3}\,. \tag{338}$$

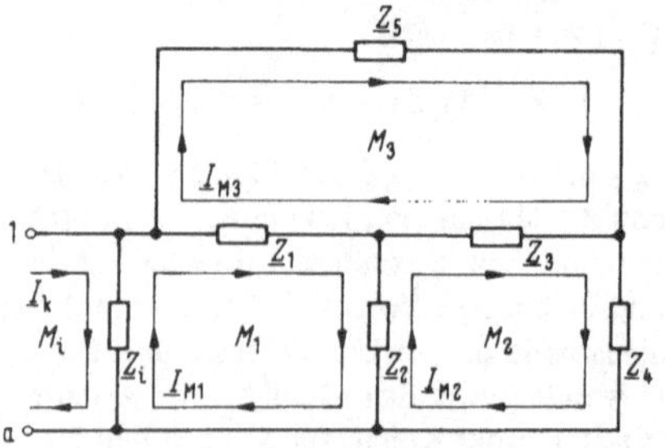

Abb. 74. Ringströme der Maschen

In Abb. 71 hat $\underline{I}_1$ einen Bezugspfeil, der die gleiche Richtung hat wie der Umlaufsinn des Ringstroms $\underline{I}_{M1}$ und entgegengesetzte Richtung zum Umlaufsinn des Ringstroms $\underline{I}_{M3}$. Dies bestimmt die Vorzeichen in (338). Durch die Einführung dieser Ringströme sind die Knotenregeln automatisch erfüllt und die Anzahl der unbekannten Ströme kleiner als bei der vorher beschriebenen Methode. Die Maschenregel besagt wie vorher, daß die Summe der Spannungen in jeder Masche gleich Null sein muß. Die Summe der Spannungen in der Masche M_3 nach Abb. 74 lautet

$$\underline{I}_{M3}(\underline{Z}_1 + \underline{Z}_3 + \underline{Z}_5) - \underline{I}_{M1} \cdot \underline{Z}_1 - \underline{I}_{M2} \cdot \underline{Z}_3 = 0, \tag{339}$$

wobei also auch die Spannungen berücksichtigt werden müssen, die in den Widerständen der Masche durch die Ringströme der benachbarten Maschen entstehen. Die Vorzeichen dieser Teilspannungen hängen davon ab, ob die Ringströme der benachbarten Maschen gleiche oder entgegengesetzte Richtung wie der Ringstrom $\underline{I}_{M3}$ in dem betreffenden Widerstand haben. Beispielsweise fließt in $\underline{Z}_1$ der Ringstrom $\underline{I}_{M1}$ in entgegengesetzter Richtung wie $\underline{I}_{M3}$, und die Teilspannung $\underline{I}_{M1}\,\underline{Z}_1$ tritt daher in (339) mit negativem Vorzeichen auf. Die Gleichung (339) ist identisch mit der vorher abgeleiteten Gleichung (335) für diese Masche; denn nach Vergleich von Abb. 72 und Abb. 74 ist

$$\underline{I}_5 = \underline{I}_{M3}; \; \underline{I}_1 = \underline{I}_{M1} - \underline{I}_{M3}; \; \underline{I}_3 = \underline{I}_{M2} - \underline{I}_{M3}. \tag{340}$$

Netzwerk mit zwei Quellen: Als einfaches Beispiel soll hier die Dreileiterschaltung betrachtet werden, die in der Starkstromtechnik häufig zur Stromversorgung verwendet wird. Zwei gleiche und gleichphasige Quellen speisen nach Abb. 75 je einen Verbraucher ($\underline{Z}_1$ und $\underline{Z}_2$). Die beiden Stromkreise besitzen einen gemeinsamen „Nulleiter“ mit dem Widerstand $\underline{Z}_0$. Die beiden Quellen haben den gleichen Innenwiderstand $\underline{Z}_i$. Man verwendet das Stromquellenersatzbild, das hier sehr zweckmäßig ist, weil beide Kurzschlußströme $\underline{I}_k$ gleich sind und die Masche M_i sich dann über beide Quellen erstrecken kann. Die

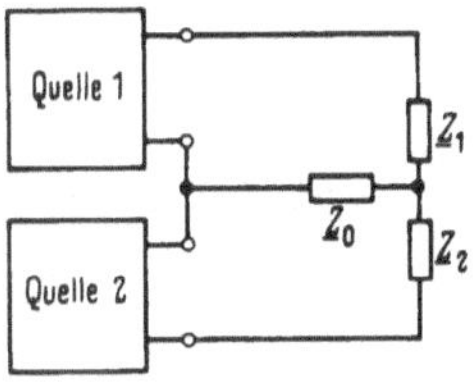

Abb. 75. Dreileitersystem mit 2 gleichen Quellen

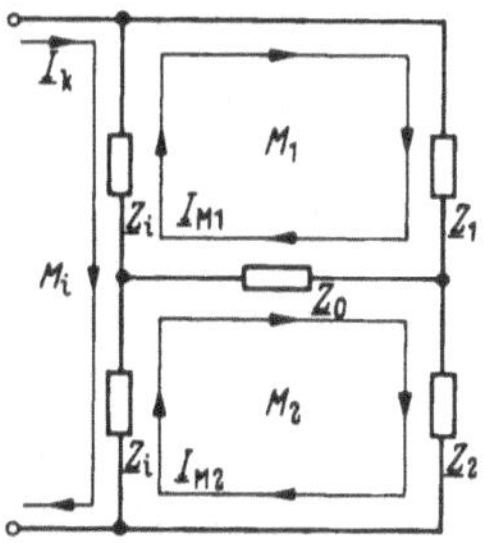

Abb. 76. Maschenringströme zur Abb. 75

Ringströme dieser Schaltung zeigt Abb. 76. Man erhält für die beiden Maschen M_1 und M_2 die beiden Gleichungen

$$- \underline{I}_k \underline{Z}_i + \underline{I}_{M1} (\underline{Z}_1 + \underline{Z}_0 + \underline{Z}_i) - \underline{I}_{M2} \underline{Z}_0 = 0, \tag{341}$$

$$- \underline{I}_k \underline{Z}_i + \underline{I}_{M2} (\underline{Z}_2 + \underline{Z}_0 + \underline{Z}_i) - \underline{I}_{M1} \underline{Z}_0 = 0. \tag{342}$$

Der Strom im Verbraucher $\underline{Z}_1$ ergibt sich daraus als

$$\underline{I}_{M1} = \underline{I}_k \underline{Z}_i \frac{(\underline{Z}_2 + 2 \underline{Z}_0 + \underline{Z}_i)}{(\underline{Z}_1 + \underline{Z}_0 + \underline{Z}_i)(\underline{Z}_2 + \underline{Z}_0 + \underline{Z}_i) - \underline{Z}_0^2}. \tag{343}$$

Der Strom im Verbraucher $\underline{Z}_2$:

$$\underline{I}_{M2} = \underline{I}_k \underline{Z}_i \frac{(\underline{Z}_1 + 2 \underline{Z}_0 + \underline{Z}_i)}{(\underline{Z}_1 + \underline{Z}_0 + \underline{Z}_i)(\underline{Z}_2 + \underline{Z}_0 + \underline{Z}_i) - \underline{Z}_0^2}. \tag{344}$$

Der Strom im Nulleiter

$$\underline{I}_{M1} - \underline{I}_{M2} = \underline{I}_k \underline{Z}_i \frac{(\underline{Z}_2 - \underline{Z}_1)}{(\underline{Z}_1 + \underline{Z}_0 + \underline{Z}_i)(\underline{Z}_2 + \underline{Z}_0 + \underline{Z}_i) - \underline{Z}_0^2}. \tag{345}$$

ist gleich Null für $\underline{Z}_1 = \underline{Z}_2$. Es ist $\underline{I}_k \underline{Z}_i = \underline{U}_0$ die Leerlaufspannung der Einzelquelle in Abb. 75.

Netzwerk mit drei Quellen: Dieses Beispiel behandelt ein Dreiphasennetz (Drehstrom) nach Abb. 77. Drei Quellen haben gleichen Innenwiderstand $\underline{Z}_i$ und gleichen Scheitelwert U_0 der Leerlaufspannungen, bzw. I_k der Kurzschlußströme, jedoch besteht zwischen den Leerlaufspannungen, bzw. den Kurzschlußströmen je eine Phasendifferenz von 120°. Die 3 Kurzschlußströme lauten in komplexen Amplituden

$$\underline{I}_{k1} = I_k; \underline{I}_{k2} = I_k \cdot e^{j2\pi/3}; \underline{I}_{k3} = I_k \cdot e^{j4\pi/3}. \tag{346}$$

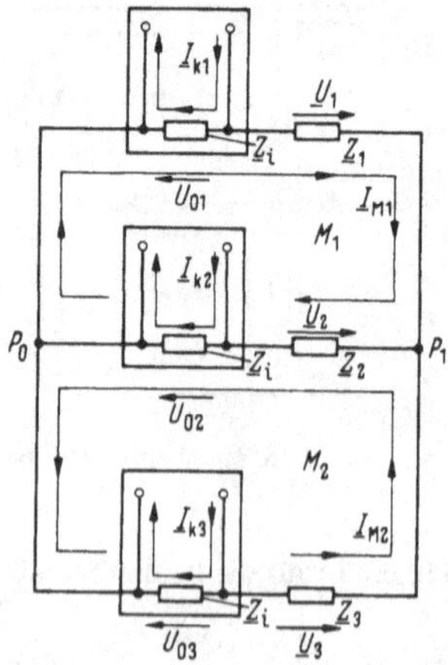

Abb. 77. Dreiphasennetz ohne Nulleiter

Die 3 Leerlaufspannungen nach (313)

$$\underline{U}_{01} = \underline{I}_{k1}\, \underline{Z}_i = I_k\, \underline{Z}_i \tag{347}$$

$$\underline{U}_{02} = \underline{I}_{k2}\, \underline{Z}_i = I_k\, \underline{Z}_i \cdot e^{j2\pi/3} = \underline{U}_{01} \cdot e^{j2\pi/3} \tag{348}$$

$$\underline{U}_{03} = \underline{I}_{k3}\, \underline{Z}_i = I_k\, \underline{Z}_i \cdot e^{j4\pi/3} = \underline{U}_{01} \cdot e^{j4\pi/3}. \tag{349}$$

Die Quellen sind einpolig in P_0 verbunden. P_0 nennt man den Sternpunkt der Quellen. Die Verbraucher $\underline{Z}_1$, $\underline{Z}_2$ und $\underline{Z}_3$ sind einpolig in P_1 verbunden. P_1 nennt man den Sternpunkt der Verbraucher. Es gibt 2 geschlossene Maschen mit den Maschengleichungen

$$\underline{I}_{M1}\, (\underline{Z}_1 + \underline{Z}_2 + 2\, \underline{Z}_i) - \underline{I}_{k1}\, \underline{Z}_i + \underline{I}_{k2}\, \underline{Z}_i + \underline{I}_{M2}\, (\underline{Z}_2 + \underline{Z}_i) = 0, \tag{350}$$

$$\underline{I}_{M2}\, (\underline{Z}_2 + \underline{Z}_3 + 2\, \underline{Z}_i) - \underline{I}_{k3}\, \underline{Z}_i + \underline{I}_{k2}\, \underline{Z}_i + \underline{I}_{M1}\, (\underline{Z}_2 + \underline{Z}_i) = 0. \tag{351}$$

In öffentlichen Drehstromnetzen ist $\underline{Z}_i$ im allgemeinen sehr klein, wodurch die Gleichungen wesentlich vereinfacht werden: Die Spannungen, die die Ringströme an den Innenwiderständen erzeugen, sind dann vernachlässigbar klein. Alle Produkte $\underline{I}_{M1}\, \underline{Z}_i$ und $\underline{I}_{M2}\, \underline{Z}_i$ können daher in den Gleichungen (350) und (351) gestrichen werden. Unter Verwendung von (347) bis (349) wird dann aus (350) und (351)

$$\underline{U}_{01} - \underline{U}_{02} = \underline{I}_{M1}\, (\underline{Z}_1 + \underline{Z}_2) + \underline{I}_{M2}\, \underline{Z}_2\,, \tag{352}$$

$$\underline{U}_{03} - \underline{U}_{02} = \underline{I}_{M1}\, \underline{Z}_2 \qquad + \underline{I}_{M2}\, (\underline{Z}_2 + \underline{Z}_3), \tag{353}$$

$$\underline{U}_{01} - \underline{U}_{03} = \underline{I}_{M1}\, \underline{Z}_1 \qquad - \underline{I}_{M2}\, \underline{Z}_3. \tag{354}$$

Die Ströme $\underline{I}_{M1}$ und $\underline{I}_{M2}$ können dann durch eine elementare Rechnung gewonnen werden. Auf die Wiedergabe der Endformeln wird hier verzichtet. Zwischen den Sternpunkten P_0 und P_1 entsteht eine Spannung

$$\begin{aligned} \underline{U}_4 &= \underline{U}_{01} - \underline{I}_{M1}\,\underline{Z}_1 = \underline{U}_{01} - \underline{U}_1 \\ &= \underline{U}_{02} + (\underline{I}_{M1} + \underline{I}_{M2})\,\underline{Z}_2 = \underline{U}_{02} - \underline{U}_2 \\ &= \underline{U}_{03} - \underline{I}_{M2}\,\underline{Z}_3 = \underline{U}_{03} - \underline{U}_3, \end{aligned} \tag{355}$$

wobei $\underline{U}_1$, $\underline{U}_2$ und $\underline{U}_3$ die Spannungen an den 3 Verbrauchern $\underline{Z}_1$, $\underline{Z}_2$ und $\underline{Z}_3$ in Abb. 77 sind. Abb. 78 gibt das Zeigerdiagramm dieser Spannungen in einem Beispiel. Die Zeiger $\underline{U}_{01}$, $\underline{U}_{02}$ und $\underline{U}_{03}$ haben nach (347) bis (349) im Drehstromnetz gleiche Länge und bilden miteinander Winkel von 120°. Die Verbraucherspannungen $\underline{U}_1$, $\underline{U}_2$ und $\underline{U}_3$ liegen zwischen dem Endpunkt des Zeigers $\underline{U}_4$ und den Endpunkten der Zeiger der Leerlaufspannungen; denn es ist nach (355)

$$\underline{U}_{01} = \underline{U}_4 + \underline{U}_1, \tag{356}$$

$$\underline{U}_{02} = \underline{U}_4 + \underline{U}_2, \tag{357}$$

$$\underline{U}_{03} = \underline{U}_4 + \underline{U}_3. \tag{358}$$

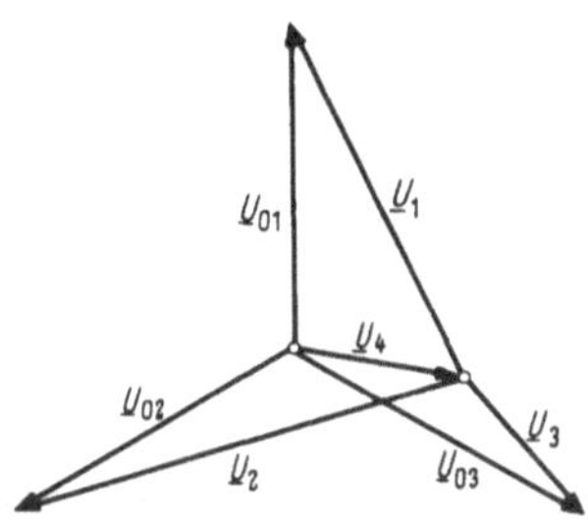

Abb. 78. Zeigerdiagramm zur Abb. 77

V. Vierpole

V,1. Lineare passive Vierpole

Ein komplexer Widerstand ist im allgemeinsten Sinne ein Gebilde mit zwei Anschlußklemmen (genannt „Zweipol"), an dem beim Zuführen eines Stromes der komplexen Amplitude $\underline{I}$ eine Spannung der komplexen Amplitude $\underline{U}$ entsteht. Der Zweipol heißt „linear", wenn Spannungs- und Stromamplitude das Ohmsche Gesetz erfüllen, also proportional sind: $\underline{U} = \underline{I} \cdot \underline{Z}$. Ein bekanntes Beispiel eines nichtlinearen Zweipols sind Spulen mit Eisenkern bei großen Stromstärken, an denen die Spannung dann wegen der Sättigung des Eisens nicht mehr proportional zum Strom ist. Im folgenden interessieren nur lineare Zweipole. Eine Quelle besitzt ebenfalls zwei Anschlußklemmen (Abb. 62), ist also auch ein Zweipol. Da er jedoch neben dem Widerstand noch die Quelle enthält, nennt man ihn einen aktiven Zweipol im Gegensatz zum gewöhnlichen Widerstand, der als passiver Zweipol bezeichnet wird. Eine Schaltung einfachster Art setzt sich nach Abb. 79a aus dem Verbraucher, der Quelle und einer Zwischenschaltung zusammen. Die Zwischenschaltung hat vier Anschlußklemmen, zwei für den Verbraucher (Ausgangsklemmen), zwei für die Quelle (Eingangsklemmen). Die Zwischenschaltung heißt daher „Vierpol". In neuerer Zeit nennt man den Vierpol auch „Zweitor", weil er 2 Zugänge (mit je 2 Klemmen) hat, ein Eingangstor und ein Ausgangstor. Wenn mehrere Verbraucher und mehrere Quellen angeschaltet sind, hat die Zwischenschaltung entsprechend viele Anschlußklemmen; es gibt also auch Sechspole (Dreitore), Achtpole (Viertore) usw.

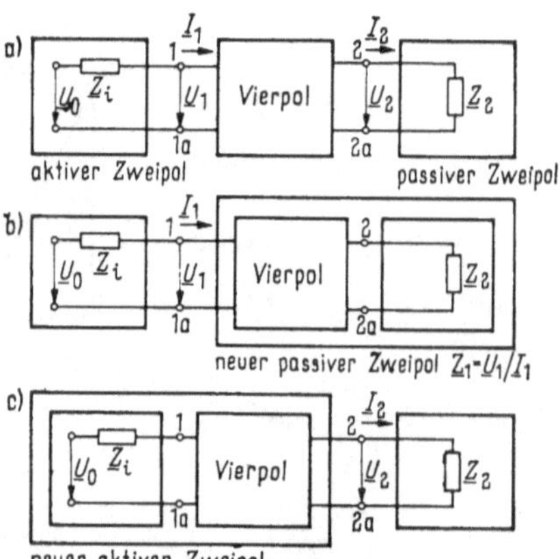

Abb. 79. Formaler Aufbau einer Schaltung

Im folgenden werden nur Vierpole betrachtet, wobei hier stets vorausgesetzt werden soll, daß diese Zwischenschaltung aus linearen komplexen Widerständen in beliebiger Kombination besteht und keine Quellen enthält (passiver, linearer Vierpol). Während der elektrische Zustand eines Widerstandes durch Spannung $\underline{U}$ und Strom $\underline{I}$ an seinen zwei Klemmen beschrieben wird, gibt es beim Vierpol vier solcher Größen, die Spannung $\underline{U}_1$ und den Strom $\underline{I}_1$ am Eingang (Abb. 79a) und die Spannung $\underline{U}_2$ und den Strom $\underline{I}_2$ am Ausgang. Wenn der Vierpol aus linearen Widerständen aufgebaut ist, d. h. aus Widerständen, für die einzeln der lineare Zusammenhang zwischen Strom und Spannung gilt, dann hängen auch die vier genannten Spannungs- und Stromgrößen des Vierpols linear zusammen. Es bestehen folgende Gleichungen:

$$\underline{U}_1 = \underline{A}_{11}\, \underline{U}_2 + \underline{A}_{12}\, \underline{I}_2, \tag{359}$$

$$\underline{I}_1 = \underline{A}_{21}\, \underline{U}_2 + \underline{A}_{22}\, \underline{I}_2, \tag{360}$$

wobei stets

$$\underline{A}_{11}\, \underline{A}_{22} - \underline{A}_{12}\, \underline{A}_{21} = 1 \tag{361}$$

ist (Maxwellscher Reziprozitätssatz). Unter den genannten Voraussetzungen sind $\underline{A}_{11}$, $\underline{A}_{12}$, $\underline{A}_{21}$ und $\underline{A}_{22}$ konstante komplexe Zahlen, die als „Vierpolkonstanten" bezeichnet werden. Ein Beweis für diese Formeln kann hier nicht gegeben werden. Durch die Vierpolkonstanten ist das Verhalten des Vierpols vollständig beschrieben. Zunächst soll erläutert werden, was diese Konstanten bedeuten und wie man sie messen kann.

Vierpol mit kurzgeschlossenem Ausgang (Abb. 80): Kurzschluß am Ausgang 2 und 2a bedeutet $\underline{U}_2 = 0$. Es fließt im Kurzschluß der Strom $\underline{I}_2 = \underline{I}_{2k}$. Am Eingang liegt dann nach (359) die Spannung $\underline{U}_{1k} = \underline{A}_{12} \cdot \underline{I}_{2k}$, und es fließt

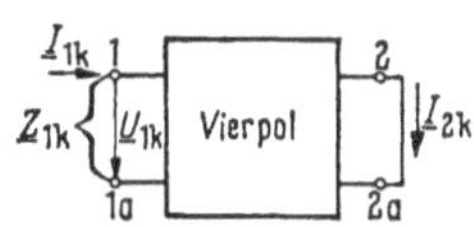

Abb. 80. Vierpol im Kurzschluß

nach (360) der Strom $\underline{I}_{1k} = \underline{A}_{22} \cdot \underline{I}_{2k}$. Die Größen $\underline{A}_{12}$ und $\underline{A}_{22}$ beschreiben also das Verhalten dieser Schaltung im ausgangsseitigen Kurzschlußfall:

$$\underline{A}_{12} = \frac{\underline{U}_{1k}}{\underline{I}_{2k}}; \quad \underline{A}_{22} = \frac{\underline{I}_{1k}}{\underline{I}_{2k}}. \tag{362}$$

Die Größe $\underline{A}_{12}$ als Quotient einer Spannung und eines Stromes hat die Dimension eines Widerstandes. Dieser Quotient ist ein komplexer Operator nach Abschn. II,2, jedoch keine komplexe Impedanz eines Zweipols wie in (90), weil im Zähler die Spannung $\underline{U}_{1k}$ zwischen den Eingangsklemmen 1 und 1a steht, während der Nenner ein Strom $\underline{I}_{2k}$ an den Ausgangsklemmen 2 und 2a ist. Solche impedanzähnlichen Operatoren nennt man manchmal auch Kopplungsimpedanzen, weil sie allgemein den Zusammenhang zwischen einer Spannung an einem bestimmten Ort einer Schaltung mit dem Strom an einem anderen Ort der Schaltung beschreiben.

$$\underline{U}_{1k} = U_{1k} \cdot e^{j\chi_{1k}} = \underline{A}_{12}\,\underline{I}_{2k} = A_{12} \cdot e^{j\alpha_{12}} \cdot I_{2k} \cdot e^{j\psi_{2k}} \qquad (363)$$

$$U_{1k} = A_{12} \cdot I_{2k};\ \chi_{1k} = \alpha_{12} + \psi_{2k}. \qquad (364)$$

Die Größe $\underline{A}_{22}$ aus (362) ist ein dimensionsloser Operator wie die Größe $\underline{b}$ in (83). Der zwischen den Eingangsklemmen 1 und 1a der Abb. 80 gemessene Eingangswiderstand $\underline{Z}_{1k}$ im ausgangseitigen Kurzschlußfall lautet

$$\underline{Z}_{1k} = \frac{\underline{U}_{1k}}{\underline{I}_{1k}} = \frac{\underline{A}_{12}}{\underline{A}_{22}}. \qquad (365)$$

Vierpol im Leerlauf (Abb. 81): Leerlauf zwischen den Klemmen 2 und 2a bedeutet $\underline{I}_2 = 0$. Am Vierpolausgang liegt dann die Leerlaufspannung $\underline{U}_{20}$.

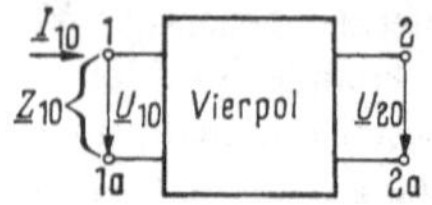

Abb. 81. Vierpol im Leerlauf

Am Eingang liegt nach (359) die Spannung $\underline{U}_{10} = \underline{A}_{11} \cdot \underline{U}_{20}$, und es fließt nach (360) der Strom $\underline{I}_{10} = \underline{A}_{21} \cdot \underline{U}_{20}$. Die Größen $\underline{A}_{11}$ und $\underline{A}_{21}$ beschreiben also das Verhalten der Schaltung im Leerlauf:

$$\underline{A}_{11} = \frac{\underline{U}_{10}}{\underline{U}_{20}};\ \underline{A}_{21} = \frac{\underline{I}_{10}}{\underline{U}_{20}}. \qquad (366)$$

$\underline{A}_{11}$ ist ein dimensionsloser Operator wie die Größe $\underline{a}$ in (81) und beschreibt die Spannungsübertragung im Leerlauf. $\underline{A}_{21}$ ist ein Operator mit der Dimension eines Leitwerts, jedoch keine Admittanz $\underline{Y}$ nach (96) im üblichen Sinne. $\underline{A}_{21}$ hat im Zähler den Strom an den Eingangsklemmen 1 und 1a, im Nenner die Spannung an den Ausgangsklemmen 2 und 2a. Solche admittanzähnlichen Operatoren nennt man manchmal auch Kopplungsadmittanzen, weil sie allgemein den Zusammenhang zwischen dem Strom an einer bestimmten Stelle der Schaltung und der Spannung an einem anderen Ort der Schaltung beschreiben. Der zwischen den Eingangsklemmen 1 und 1a der Abb. 81 gemessene Widerstand beträgt bei ausgangseitigem Leerlauf

$$\underline{Z}_{10} = \frac{\underline{U}_{10}}{\underline{I}_{10}} = \frac{\underline{A}_{11}}{\underline{A}_{21}}. \qquad (367)$$

Man erhält also folgende fundamentale Erkenntnis: Das Verhalten eines beliebig komplizierten linearen Vierpols wird durch die einfachen Gl. (359) und (360) beschrieben, deren Konstanten sich nach (362) und (366) aus dem Leerlauf- und Kurzschlußverhalten ergeben. Kennt man das Verhalten im Leerlauf und Kurzschluß, so läßt sich daraus die Wirkung des Vierpols bei beliebig komplexem Abschlußwiderstand berechnen. Der Vierpol bildet nach

Abb. 79b zusammen mit dem Verbraucher $\underline{Z}_2$ einen neuen passiven Zweipol $\underline{Z}_1$, der als Eingangswiderstand bezeichnet wird. Mit $\underline{Z}_2 = \underline{U}_2/\underline{I}_2$ ergibt sich als Eingangswiderstand

$$\underline{Z}_1 = \frac{\underline{U}_1}{\underline{I}_1} = \frac{\underline{A}_{11}\,\underline{U}_2 + \underline{A}_{12}\,\underline{I}_2}{\underline{A}_{21}\,\underline{U}_2 + \underline{A}_{22}\,\underline{I}_2} = \frac{\underline{A}_{11}\,\underline{Z}_2 + \underline{A}_{12}}{\underline{A}_{21}\,\underline{Z}_2 + \underline{A}_{22}}. \tag{368}$$

Diese Gleichung beschreibt also die transformierende Wirkung des Vierpols für Widerstände. Die Transformation der Spannung ist abhängig vom Abschlußwiderstand und nach (359) mit Hilfe von $\underline{I}_2/\underline{U}_2 = 1/\underline{Z}_2 = \underline{Y}_2$:

$$\frac{\underline{U}_1}{\underline{U}_2} = \underline{A}_{11} + \frac{\underline{A}_{12}}{\underline{Z}_2} = \underline{A}_{11} + \underline{A}_{12}\,\underline{Y}_2. \tag{369}$$

Ebenso gilt für die Stromtransformation nach (360)

$$\frac{\underline{I}_1}{\underline{I}_2} = \underline{A}_{21} \cdot \underline{Z}_2 + \underline{A}_{22}. \tag{370}$$

So kann man mit Hilfe der aus Leerlauf- und Kurzschlußversuch gewonnenen Vierpolkonstanten alle durch den Vierpol veranlaßten Transformationen sehr einfach beschreiben.

Man kann die Vierpolschaltung aber auch so auffassen, daß die Quelle zusammen mit dem Vierpol eine neue „transformierte" Quelle nach Abb. 79c darstellt. Diese Quelle speist direkt den Verbraucher $\underline{Z}_2$.

Die transformierte Quelle wird nach Abb. 58 beschrieben durch ihre Leerlaufspannung und ihren Kurzschlußstrom an den Klemmen 2 und 2a. Ihre Leerlaufspannung ist die Spannung $\underline{U}_{20}$ aus Abb. 81, und ihr Kurzschlußstrom der Strom $\underline{I}_{2k}$ aus Abb. 80. Ihr Innenwiderstand ist nach (297) der Quotient

$$\underline{Z}_i' = \frac{\underline{U}_{20}}{\underline{I}_{2k}} = \frac{\underline{A}_{22}}{\underline{A}_{11}}\,\frac{\underline{U}_{10}}{\underline{I}_{1k}}. \tag{371}$$

Hierbei wurde (362) und (366) verwendet. $\underline{U}_{10}$ ist die Eingangsspannung an den Klemmen 1 und 1a, die die ursprüngliche Quelle in Abb. 79c liefert, wenn sie an den Klemmen 1 und 1a mit der Impedanz $\underline{Z}_{10}$ aus (367) belastet ist. $\underline{I}_{1k}$ ist der Eingangsstrom an den Klemmen 1 und 1a, den die ursprüngliche Quelle in Abb. 79c liefert, wenn sie an den Klemmen 1 und 1a mit der Impedanz $\underline{Z}_{1k}$ aus (365) belastet ist.

Ersatzschaltungen mit 3 Impedanzen: Der besondere Nutzen der Vierpoltheorie liegt darin, daß es möglich wird, große Gruppen wichtiger Schaltungen unter zusammenfassenden Gesichtspunkten zu studieren und ihre Eigenschaften zu erkennen. Die folgenden Erörterungen geben ein gutes Beispiel dafür, daß es sehr allgemeine Regeln für das Verhalten linearer passiver Vierpole gibt. Das gesamte Verhalten eines solchen Vierpols läßt sich durch die 4 Größen $\underline{A}_{11}$, $\underline{A}_{12}$, $\underline{A}_{21}$ und $\underline{A}_{22}$ beschreiben. Da aber (361) gilt, ist durch 3 dieser Größen bereits der Vierpol beschrieben und die jeweils 4. Größe läßt sich aus den übrigen 3 Größen berechnen. Die Variationsmöglichkeiten bei beliebiger Schaltung innerhalb des Vierpols sind also durch die Variation von 3 komplexen Zahlen gegeben. So wird es verständlich, daß bereits ein Vierpol aus 3 komplexen Widerständen nach Abb. 82 alle denkbaren Varian-

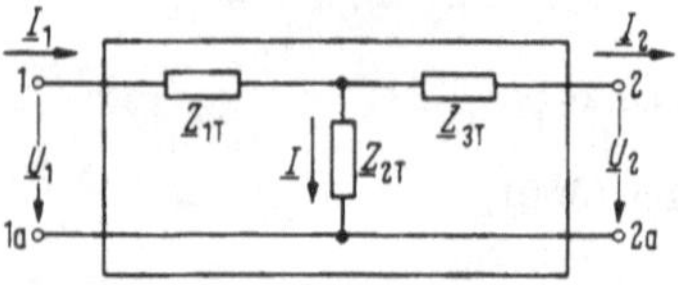

Abb. 82. Ersatz-T-Schaltung

ten des Vierpolverhaltens zeigt, wenn die Werte der komplexen Widerstände frei wählbar sind. Es ist zweckmäßig den mittleren Widerstand in die Formeln als komplexen Leitwert $\underline{Y}_{2T} = 1/\underline{Z}_{2T}$ einzuführen. Tritt aus dem Vierpol der Strom $\underline{I}_2$ aus, so entsteht an $\underline{Z}_{3T}$ die Spannung $\underline{I}_2 \cdot \underline{Z}_{3T}$. Am Widerstand $\underline{Z}_{2T}$ liegt dann die Spannung $\underline{U} = \underline{U}_2 + \underline{I}_2\,\underline{Z}_{3T}$ als Summe der Ausgangsspannung $\underline{U}_2$ und der Spannung an $\underline{Z}_{3T}$. Durch $\underline{Z}_{2T}$ fließt dann der Strom $\underline{I} = \underline{U}\,\underline{Y}_{2T}$. Der Eingangsstrom $\underline{I}_1$ ist dann die Summe des Stromes $\underline{I}_2$ durch $\underline{Z}_{3T}$ und des Stromes $\underline{I}$ durch $\underline{Z}_{2T}$. An $\underline{Z}_{1T}$ entsteht eine Spannung $\underline{I}_1 \cdot \underline{Z}_{1T}$, und die Eingangsspannung $\underline{U}_1 = \underline{U} + \underline{I}_1\,\underline{Z}_{1T}$ ist die Summe der Spannung an $\underline{Z}_{2T}$ und der Spannung an $\underline{Z}_{1T}$. So erhält man

$$\underline{U}_1 = \underline{U}_2\,(1 + \underline{Z}_{1T}\,\underline{Y}_{2T}) + \underline{I}_2\,[\underline{Z}_{3T} + \underline{Z}_{1T}\,(1 + \underline{Z}_{3T}\underline{Y}_{2T})] \quad (372)$$

$$\underline{I}_1 = \underline{U}_2\,\underline{Y}_{2T} + \underline{I}_2\,(1 + \underline{Z}_{3T}\,\underline{Y}_{2T}). \quad (373)$$

Durch Vergleich von (372) und (359), sowie durch Vergleich von (373) und (360) erhält man

$$\underline{A}_{11} = 1 + \underline{Z}_{1T}\,\underline{Y}_{2T} \quad (374)$$

$$\underline{A}_{12} = \underline{Z}_{3T} + \underline{Z}_{1T}\,(1 + \underline{Z}_{3T}\,\underline{Y}_{2T}) \quad (375)$$

$$\underline{A}_{21} = \underline{Y}_{2T} \quad (376)$$

$$\underline{A}_{22} = 1 + \underline{Z}_{3T}\,\underline{Y}_{2T}. \quad (377)$$

Mit Hilfe von (361) kontrolliert man die Richtigkeit der Rechnung. Wenn $\underline{Z}_{1T}$, $\underline{Z}_{2T}$ und $\underline{Z}_{3T}$ frei verfügbare komplexe Zahlen sind, kann man nach diesen Gleichungen komplexe Vierpolkonstanten erzeugen, die die Gl. (361) befriedigen und den allgemeinsten passiven linearen Vierpol darstellen.

Abb. 83 ist die zu Abb. 82 duale Schaltung und kann ebenfalls den allgemeinsten passiven linearen Vierpol beschreiben. Nach den Regeln des Abschn. IV,2 muß man beim Übergang zur dualen Schaltung Spannung und Strom, Widerstand und Leitwert, Serienschaltung und Parallelschaltung gegenseitig vertauschen.

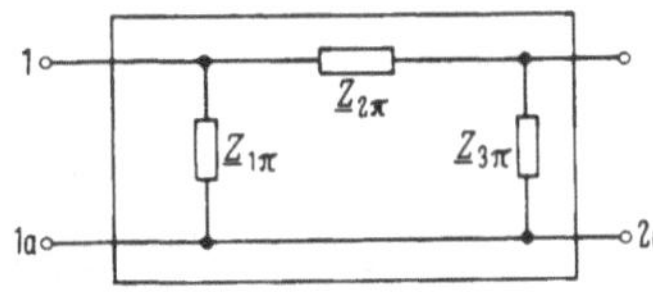

Abb. 83. Ersatz-Π-Schaltung

So gewinnt man für die Schaltung der Abb. 83 die Vierpolgleichungen durch Anwendung des Dualitätsprinzips aus den Gleichungen (372) und (373):

$$\underline{I}_1 = \underline{I}_2 \left(1 + \underline{Y}_{1\Pi} \underline{Z}_{2\Pi}\right) + \underline{U}_2 \left[\underline{Y}_{3\Pi} + \underline{Y}_{1\Pi} \left(1 + \underline{Y}_{3\Pi} \underline{Z}_{2\Pi}\right)\right] \quad (378)$$

$$\underline{U}_1 = \underline{I}_2 \underline{Z}_{2\Pi} + \underline{U}_2 \left(1 + \underline{Y}_{3\Pi} \underline{Z}_{2\Pi}\right), \quad (379)$$

wobei $\underline{Y}_{1\Pi} = 1/\underline{Z}_{1\Pi}$ und $\underline{Y}_{3\Pi} = 1/\underline{Z}_{3\Pi}$ die Leitwerte der Impedanzen $\underline{Z}_{1\Pi}$ und $\underline{Z}_{3\Pi}$ aus Abb. 83 sind.

Wenn umgekehrt die Konstanten eines Vierpols gegeben sind, kann man aus obigen Gleichungen $\underline{Z}_{1T}$, $\underline{Z}_{2T}$ und $\underline{Z}_{3T}$ berechnen und das dazugehörige Vierpolersatzbild gewinnen. Man erhält durch Umkehrung der Gleichungen (374) bis (377) Gleichungen für die Widerstände der Ersatzschaltung nach Abb. 82

$$\underline{Z}_{1T} = \frac{\underline{A}_{11} - 1}{\underline{A}_{21}}, \quad (380)$$

$$\underline{Z}_{2T} = \frac{1}{\underline{A}_{21}}, \quad (381)$$

$$\underline{Z}_{3T} = \frac{\underline{A}_{22} - 1}{\underline{A}_{21}}. \quad (382)$$

Die Wirkung eines Vierpols kann man sich auch so vorstellen, daß im Ersatzbild der Abb. 82 die zugeführte Spannung $\underline{U}_1$ einem Spannungsteiler, bestehend aus $\underline{Z}_{1T}$ und $\underline{Z}_{2T}$ zugeführt wird. Dadurch entsteht eine Spannung an $\underline{Z}_{2T}$, die nun über den Widerstand $\underline{Z}_{3T}$ dem Verbraucher zugeführt wird. Der Widerstand $\underline{Z}_{2T}$ stellt also das Bindeglied zwischen dem Eingang und Ausgang des Vierpols dar und wird deshalb auch als „Kernwiderstand" bezeichnet. Die Wirkung des Kernwiderstandes erkennt man am besten, wenn man die Schaltung der Abb. 82 wie den Knotenpunkt der Abb. 71 mit Maschenringströmen $\underline{I}_{M1}$ und $\underline{I}_{M2}$ behandelt. Bei dem Vierpol der Abb. 82 ist wie in Abb. 84 der Ringstrom $\underline{I}_{M1}$ der Eingangsstrom $\underline{I}_1$ des Vierpols, der durch die aus $\underline{Z}_{1T}$ und $\underline{Z}_{2T}$ gebildete Eingangsmasche fließt. Der Ringstrom $\underline{I}_{M2}$ ist der Ausgangsstrom $\underline{I}_2$ des Vierpols, der durch die aus $\underline{Z}_{2T}$, $\underline{Z}_{3T}$ und dem angeschlossenen Verbraucher $\underline{Z}_2$ (Abb. 79) gebildete Ausgangsmasche fließt. Der Strom $\underline{I}_1$ erzeugt an $\underline{Z}_{2T}$ eine Spannung $\underline{I}_1\ Z_{2T}$, die gleich der Ausgangsspan-

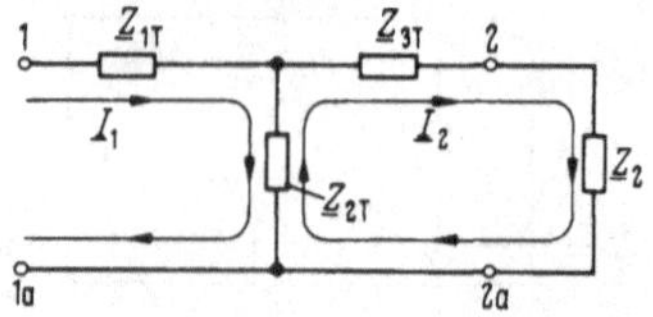

Abb. 84. Eingangs- und Ausgangsstrom der T-Schaltung

nung $\underline{U}_{20}$ des Vierpols im Leerlauffall (Abb. 81) ist. Für die Ausgangsmasche gilt nach den Regeln der Abb. 74

$$\underline{I}_2\ (\underline{Z}_{2T} + \underline{Z}_{3T} + \underline{Z}_2) - \underline{I}_1\ \underline{Z}_{2T} = 0 \tag{383}$$

oder

$$\underline{I}_2 = \frac{\underline{I}_1\ \underline{Z}_{2T}}{\underline{Z}_{2T} + \underline{Z}_{3T} + \underline{Z}_2}. \tag{384}$$

Symmetrische Vierpole: Man nennt einen Vierpol symmetrisch, wenn seine Schaltung so aufgebaut ist, daß die innere Schaltung des Vierpols bezüglich Eingang und Ausgang symmetrisch ist. Bei einem symmetrischen Vierpol müssen dann in Abb. 82 $\underline{Z}_{1T} = \underline{Z}_{3T}$ oder in Abb. 83 $\underline{Z}_{1\Pi} = \underline{Z}_{3\Pi}$ sein. Daraus folgt nach (374) und (377)

$$\underline{A}_{11} = \underline{A}_{22} \tag{385}$$

und nach (361)

$$\underline{A}_{11} = \underline{A}_{22} = \sqrt{1 + \underline{A}_{12}\ \underline{A}_{21}}. \tag{386}$$

Der symmetrische Vierpol hängt nur noch von zwei komplexen Konstanten $\underline{A}_{12}$ und $\underline{A}_{21}$ ab, ist also rechnerisch bereits wesentlich einfacher. Diese beiden Konstanten führt man meist auf den Kurzschlußwiderstand nach (365)

$$\underline{Z}_{1k} = \frac{\underline{A}_{12}}{\underline{A}_{22}} = \frac{\underline{A}_{12}}{\sqrt{1 + \underline{A}_{12}\ \underline{A}_{21}}} \tag{387}$$

und den Leerlaufwiderstand nach (367)

$$\underline{Z}_{10} = \frac{\underline{A}_{11}}{\underline{A}_{21}} = \frac{\sqrt{1 + \underline{A}_{12}\ \underline{A}_{21}}}{\underline{A}_{21}} \tag{388}$$

zurück, weil die Größen $\underline{Z}_{1k}$ und $\underline{Z}_{10}$ meist besonders einfach zu berechnen und auch einfach zu messen sind. Aus $\underline{Z}_{1k}$ und $\underline{Z}_{10}$ berechnen sich die Vierpolkonstanten des symmetrischen Vierpol als

$$\underline{A}_{11} = \underline{A}_{22} = \frac{1}{\sqrt{1 - \underline{Z}_{1k}/\underline{Z}_{10}}} . \tag{389}$$

$$\underline{A}_{12} = \frac{\underline{Z}_{1k}}{\sqrt{1 - \underline{Z}_{1k}/\underline{Z}_{10}}} ; \quad \underline{A}_{21} = \frac{1}{\underline{Z}_{10}\sqrt{1 - \underline{Z}_{1k}/\underline{Z}_{10}}} . \tag{390}$$

Verlustfreie Vierpole: Wenn man bedenkt, daß die Größen $\underline{A}_{11}$, $\underline{A}_{12}$, $\underline{A}_{21}$ und $\underline{A}_{22}$ im allgemeinen komplexe Zahlen sind, wird man einsehen, daß der Umgang mit den äußerlich recht einfachen Vierpolgleichungen bei der zahlenmäßigen Auswertung doch recht umständlich sein kann, da jede komplexe Gleichung in zwei reelle Gleichungen (Realteil und Imaginärteil) zerfällt. Die folgenden Anwendungen beschränken sich daher auf eine besonders wichtige Gruppe von Vierpolen mit einfacheren Gleichungen. Der Vierpol soll nur aus verlustfreien Blindwiderständen aufgebaut sein. Dann dürfen auch seine Ersatzschaltungen nach Abb. 82 oder 83 nur aus 3 Blindwiderständen bestehen, weil auch die Ersatzschaltung keine Wirkleistung verbrauchen darf. Setzt man in Abb. 82

$$\underline{Z}_{1T} = jX_{1T}, \quad \underline{Z}_{2T} = jX_{2T}, \quad \underline{Z}_{3T} = jX_{3T}, \tag{391}$$

so wird nach den Gleichungen (374) bis (377)

$$\underline{A}_{11} = A_{11} = 1 + \frac{X_{1T}}{X_{2T}} \quad \text{reell,} \tag{392}$$

$$\underline{A}_{12} = j\,A_{12} = j\,[X_{3T} + X_{1T}\,(1 + \frac{X_{3T}}{X_{2T}})] \quad \text{imaginär,} \tag{393}$$

$$\underline{A}_{21} = j\,A_{21} = j\,(-\frac{1}{X_{2T}}) \quad \text{imaginär,} \tag{394}$$

$$\underline{A}_{22} = A_{22} = 1 + \frac{X_{3T}}{X_{2T}} \quad \text{reell.} \tag{395}$$

Wenn der Vierpol nach Abb. 81 zwischen den Klemmen 2 und 2a unbelastet ist, mißt man zwischen den Klemmen 1 und 1a nach (367) den Leerlaufwiderstand

$$\underline{Z}_{10} = jX_{10} = -j\,\frac{A_{11}}{A_{21}} = j\,(X_{1T} + X_{2T}). \tag{396}$$

und bei Belastung mit einem Verbraucher $\underline{Z}_2$ in Abb. 79 nach (368) zwischen den Klemmen 1 und 1a die Eingangsimpedanz

$$\underline{Z}_1 = \frac{A_{11}\,\underline{Z}_2 + j\,A_{12}}{j\,A_{21}\,\underline{Z}_2 + A_{22}} \tag{397}$$

Verlustfreie symmetrische Vierpole: Im verlustfreien Vierpol sind Kurzschlußwiderstand $\underline{Z}_{1k}$ aus (365) und Leerlaufwiderstand $\underline{Z}_{10}$ aus (367) Blindwiderstände

$$\underline{Z}_{1k} = jX_{1k}; \quad \underline{Z}_{10} = jX_{10}. \tag{398}$$

Die Vierpolkonstanten eines verlustfreien, symmetrischen Vierpols lauten nach (389) und (390)

$$\underline{A}_{11} = \underline{A}_{22} = \frac{1}{\sqrt{1 - X_{1k}/X_{10}}}; \tag{399}$$

$$\underline{A}_{12} = j\frac{X_{1k}}{\sqrt{1 - X_{1k}/X_{10}}}; \quad \underline{A}_{21} = -j\frac{1}{X_{10}\sqrt{1 - X_{1k}/X_{10}}}. \tag{400}$$

Die einfachsten Schaltungen für einen symmetrischen, verlustfreien Vierpol gibt Abb. 85; vgl. Abb. 82, bzw. 83 mit $\underline{Z}_{1T} = \underline{Z}_{3T}$ bzw. $\underline{Z}_{1\Pi} = \underline{Z}_{3\Pi}$. Sie bestehen jeweils aus drei Blindwiderständen, von denen die beiden symmetrisch liegenden gleich sind.

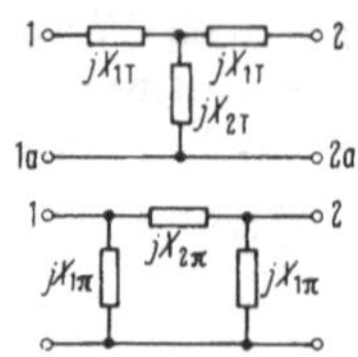

Abb. 85. Symmetrische verlustfreie Vierpole

V,2. Verlustfreie Vierpole aus 2 Blindwiderständen

Es soll hier keine ausführliche Vierpoltheorie dargeboten, sondern lediglich Übungsbeispiele für komplexes Rechnen durch einige einfache Schaltungen gegeben werden. Aus diesem Grunde beschränken sich die Beispiele auf verlustfreie Vierpole, die auch in der Praxis weitaus am häufigsten vorkommen. Von besonderer Bedeutung sind dabei die Transformationsschaltungen aus Blindwiderständen, mit deren Hilfe ein gegebener komplexer Verbraucher $\underline{Z}_2$ (Abschlußwiderstand des transformierenden Vierpols) in einen anderen, vorgeschriebenen komplexen Wert $\underline{Z}_1$ (Eingangswiderstand des Vierpols) verwandelt werden soll.

Transformation mit zwei Blindwiderständen bei einer gegebenen Frequenz: Die Möglichkeiten der Transformation mit *einem* Blindwiderstand sind nach

Abb. 29 nicht sehr umfassend. Mit Hilfe *zweier* passend gewählter und passend angeordneter Blindwiderstände läßt sich dagegen fast jede gewünschte Transformation ausführen. Abb. 86 zeigt die möglichen Transformationsschaltungen aus zwei Blindwiderständen. Mit den Schaltungen a und b erreicht man

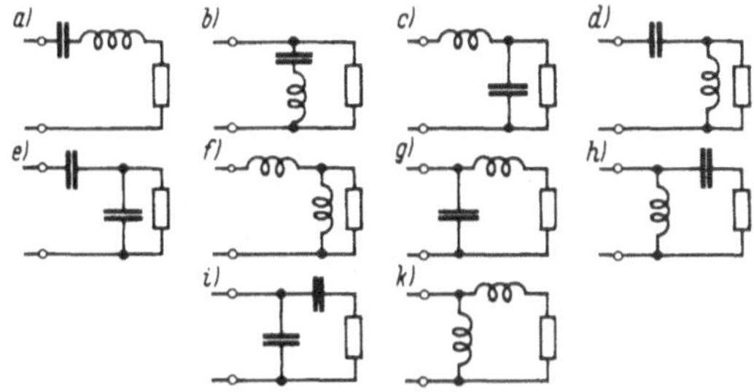

Abb. 86. Transformation mit 2 Blindwiderständen

nicht mehr als mit einem einzigen Blindwiderstand, solange es sich nur um eine einzige Frequenz handelt. Denn die 2 Blindwiderstände stellen bei dieser Frequenz nichts anderen dar als einen bestimmten Blindwiderstand jX nach (214). Wenn man allgemeinere Transformationen ausführen will, muß stets der eine Blindwiderstand als Serienwiderstand, der andere als Parallelwiderstand geschaltet werden.

Abb. 87 gibt die Anwendung der Schaltung der Abb. 86e zur Transformation eines komplexen Widerstandes $\underline{Z}_2 = 70 + j\ 120\ \Omega$ in den komplexen Widerstand $\underline{Z}_1 = 150 + j\ 40\ \Omega$. Man transformiert $\underline{Z}_2$ durch die Parallelkapazität C_2 auf einem G-Kreis nach Abb. 29, Fall 5, in den Wert $\underline{Z}'$, der senkrecht über $\underline{Z}_1$ liegt, und dann durch die Serienkapazität C_1 nach Abb. 29, Fall 2, senkrecht nach unten nach $\underline{Z}_1$. Quantitativ kann man diese Aufgabe lösen, wenn man die Punkte $\underline{Z}_1$ und $\underline{Z}_2$ ins Diagramm der Abb. 27 mit N = 100 einträgt. Dann findet man den Zwischenwert $\underline{Z}' = 150 + j\ 137\ \Omega$ leicht als Schnittpunkt des durch $\underline{Z}_2$ gehenden G-Kreises mit der senkrechten Geraden durch $\underline{Z}_1$. Den Leitwert $B_{C2} = 0{,}0029$ S der Parallelkapazität C_2 findet man durch die Konstruktion nach Abb. 32. Man verbindet in Abb. 87 oben $\underline{Z}'$ mit dem Nullpunkt und kann das negative ΔX ablesen. Aus (206) folgt

$$B_{C2} = \omega C_2 = \frac{|\Delta X|}{|Z_2|^2}. \tag{401}$$

Der Blindwiderstand $jX_{C1} = -j\ 97\ \Omega$ der Serienkapazität C_1 ist unmittelbar der Abstand der beiden Punkte $\underline{Z}'$ und $\underline{Z}_1$ (die Differenz ihrer Blindkomponenten). Man erhält daraus C_1 bei gegebener Frequenz nach (137).

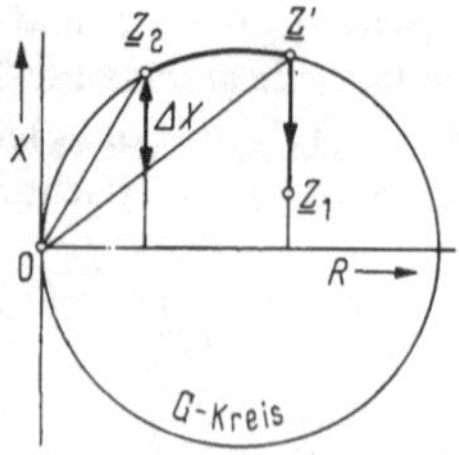

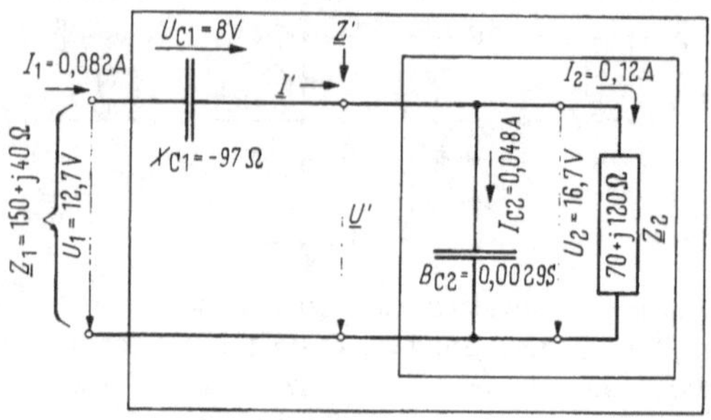

Abb. 87. Verlustfreie Transformationsschaltung

Abb. 88 gibt die Transformation eines komplexen Widerstandes $\underline{Z}_2 = 80 + j\,30\ \Omega$ in den reellen Widerstand $\underline{Z}_1 = R_1 = 200\ \Omega$ mit Hilfe der Schaltung Abb. 86g. $\underline{Z}_2$ wird durch die Serieninduktivität L senkrecht nach oben nach $\underline{Z}'$ transformiert (Abb. 29, Fall 1), dann durch die Parallelkapazität C (Abb. 29, Fall 5) auf einem Kreis G = const nach $\underline{Z}_1$. Quantitativ löst man diese Aufgabe mit Hilfe des Diagramms der Abb. 27 mit N = 100. Man trägt die Punkte $\underline{Z}_1$ und $\underline{Z}_2$ ins Diagramm ein und findet den Zwischenwert $\underline{Z}' = 80 + j\,98\ \Omega$ als Schnittpunkt des zu $\underline{Z}_1$ gehörenden G-Kreises mit der senkrechten Geraden durch $\underline{Z}_2$ (Abb. 88 oben). Der Blindwiderstand $jX_L = j\,68\ \Omega$ der Serieninduktivität ist die Differenz der Imaginärteile von $\underline{Z}'$ und $\underline{Z}_2$. Der Blindleitwert jB_C der Parallelkapazität ergibt sich durch eine Konstruktion nach Abb. 32. Da $\underline{Z}_1$ auf der reellen Achse liegt, ist $|\Delta X|$ gleich dem senkrechten Abstand des $\underline{Z}'$ von der reellen Achse und nach (206)

$$B_C = \omega C = \frac{|\Delta X|}{|Z'|^2}\,. \tag{402}$$

Ströme und Spannungen in der Transformationsschaltung: Für die praktische Dimensionierung der Blindwiderstände muß man auch ihre strom- und spannungsmäßige Belastung kennen. Für Transformationsschaltungen aus Blindwiderständen, die als verlustfrei angesehen werden können, gibt die in der

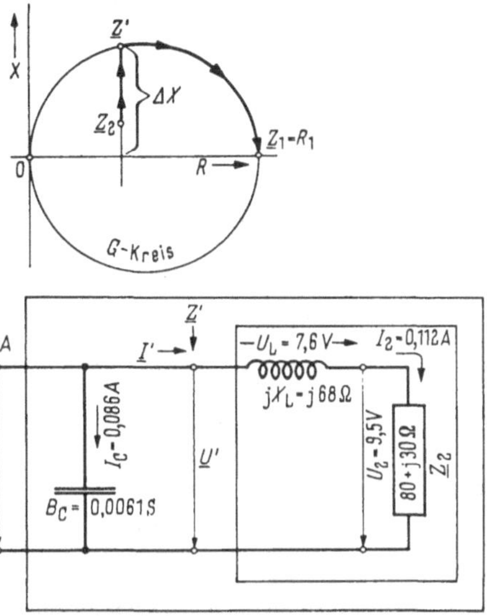

Abb. 88. Verlustfreie Transformationsschaltung

komplexen Widerstandsebene dargestellte Impedanztransformation (Abb. 87 oben; Abb. 88 oben) eine einfache Methode zur Berechnung der Ströme und der Spannungen für die einzelnen Widerstände der Schaltung mit Hilfe der Wirkleistung. Wenn die Wirkkomponente R eines komplexen Widerstandes $\underline{Z}$ und die in ihn eintretende Wirkleistung P_W gegeben ist, berechnet sich der Strom durch $\underline{Z}$ nach (112) als $I = \sqrt{2\,P_W/R}$. Wenn sein bei gegebenem $\underline{Z}$ aus dem Diagramm leicht ablesbarer Wirkleitwert G gegeben ist, erhält man auch die Spannung an diesem Widerstand nach (208) als $U = \sqrt{2\,P_W/G}$. Ein komplexer Widerstand $\underline{Z}_2$ werde nun durch Serien- oder Parallelschaltung eines Blindwiderstandes in einen anderen Wert $\underline{Z}'$ und dann durch Vorschalten eines weiteren Blindwiderstandes in einen Wert $\underline{Z}_1$ transformiert (Abb. 87 und 88). In Erweiterung von Abb. 33 und Abb. 35 zeigen Abb. 87 und 88 die Aufteilung der Schaltung in zwei Schritte zur Berechnung der Ströme und Spannungen. Wegen der Verlustfreiheit des Vierpols tritt in die Impedanzen $\underline{Z}_1$, $\underline{Z}'$ und $\underline{Z}_2$ die gleiche Wirkleistung P_W.

$$\underline{Z}_1 = R_1 + jX_1\,;\ \underline{Z}' = R' + jX';\ \underline{Z}_2 = R_2 + jX_2\,.$$

Nach (112) ist

$$P_W = \frac{1}{2}\,I_2^2\,R_2 = \frac{1}{2}\,I'^2\,R' = \frac{1}{2}\,I_1^2\,R_1\,; \tag{403}$$

Ort und Richtung der Ströme in Abb. 87 und 88. Aus (403) folgt für die Scheitelwerte der Ströme

$$\text{Strom in } \underline{Z}_2: \quad I_2 = \sqrt{\frac{2\,P_W}{R_2}}; \qquad \text{Strom in } \underline{Z}': \quad I' = \sqrt{\frac{2\,P_W}{R'}}; \qquad \text{Strom in } \underline{Z}_1: \quad I_1 = \sqrt{\frac{2\,P_W}{R_1}}, \tag{404}$$

oder in Erweiterung von (212)

$$I_2 : I' : I_1 = \frac{1}{\sqrt{R_2}} : \frac{1}{\sqrt{R'}} : \frac{1}{\sqrt{R_1}}. \tag{405}$$

Will man die Spannungen berechnen, so geht man auf Leitwerte über.

$$\underline{Y}_1 = \frac{1}{\underline{Z}_1} = G_1 + jB_1; \quad \underline{Y}' = \frac{1}{\underline{Z}'} = G' + jB'$$

$$\underline{Y}_2 = \frac{1}{\underline{Z}_2} = G_2 + jB_2. \tag{406}$$

Die durch die Schaltung laufende Wirkleistung ist nach (208)

$$P_W = \frac{1}{2} U_2^2 G_2 = \frac{1}{2} U'^2 G' = \frac{1}{2} U_1^2 G_1. \tag{407}$$

Die hier genannten Spannungen sind in Abb. 87 und 88 durch Pfeile dargestellt. Aus (407) folgt für die Scheitelwerte der Spannungen

$$\text{Spannung an } \underline{Z}_2: \quad U_2 = \sqrt{\frac{2\,P_W}{G_2}}; \qquad \text{Spannung an } \underline{Z}': \quad U' = \sqrt{\frac{2\,P_W}{G'}}; \qquad \text{Spannung an } \underline{Z}_1: \quad U_1 = \sqrt{\frac{2\,P_W}{G_1}}. \tag{408}$$

oder in Erweiterung von (209)

$$U_2 : U' : U_1 = \frac{1}{\sqrt{G_2}} : \frac{1}{\sqrt{G'}} : \frac{1}{\sqrt{G_1}} \tag{409}$$

Wenn man die Transformation nach Abb. 29 ins Kreisdiagramm der Abb. 26 oder 27 einzeichnet, kann man alle in (404) und (408) benötigten Wirkwiderstände und Wirkleitwerte direkt aus dem Kreisdiagramm ablesen.

Zunächst soll das Beispiel der Abb. 87 betrachtet werden: Für $P_W = 0{,}5$ W und $R_2 = 70\ \Omega$ ist nach (404) der Scheitelwert $I_2 = 0{,}12$ A. Man entnimmt dem Diagramm $G_2 = 0{,}0036$ S und erhält nach (408) den Scheitelwert $U_2 = 16{,}7$ V. Dieses U_2 liegt ebenfalls an der Parallelkapazität C_2 mit dem Blindleitwert $jB_{C2} = j\,0{,}0029$ S. Durch C_2 fließt dann der Strom $I_{C2} = U_2 \cdot B_{C2} = 0{,}048$ A. Es interessiert ferner der Strom I_1 durch die Serienkapazität C_1, der gleich dem Strom durch den Eingangswiderstand $\underline{Z}_1$ ist.

Da $\underline{Z}_1$ die gleiche Leistung $P_W = 0{,}5$ W aufnimmt, berechnet man I_1 nach (404) aus der Wirkkomponente $R_1 = 150\ \Omega$: $I_1 = 0{,}082$ A. Die Eingangsspannung der Schaltung berechnet man nach (408) aus dem Wirkleitwert $G_1 = 0{,}0062$ S des $\underline{Z}_1$ als $U_1 = 12{,}7$ V. Die Spannung U_{C1} an der Serienkapazität C_1 mit dem Blindwiderstand $jX_{C1} = -j\ 97\ \Omega$ ist $U_{C1} = I_1 \cdot |X_{C1}| = 8$ V. Diese Werte multipliziert man mit $\sqrt{2 P_W}$, wenn die Wirkleistung nicht 0,5 Watt beträgt, sondern eine beliebige Größe P_W hat.

Ströme und Spannungen im Beispiel der Abb. 88: Es sei wieder $P_W = 0{,}5$ W. Der Strom I_2 ergibt im Wirkwiderstand $R_2 = 80\ \Omega$ des $\underline{Z}_2$ den Scheitelwert $I_2 = 0{,}112$ A. Die Spannung U_2 berechnet man aus dem Wirkleitwert $G_2 = 0{,}011$ S des $\underline{Z}_2$ als $U_2 = 9{,}5$ V. Der Strom durch die Serieninduktivität L ist wieder I_2, die Spannung an dem induktiven Blindwiderstand $jX_L = j\ 68\ \Omega$ also $U_L = I_2 \cdot X_L = 7{,}6$ V. Der Strom I_1 am Eingang der Schaltung ergibt sich aus dem Widerstand $R_1 = 200\ \Omega$ des $\underline{Z}_1$ als $I_1 = 0{,}071$ A, ebenso die Spannung am Eingang aus dem Wirkleitwert $G_1 = 0{,}005$ S des Eingangswiderstandes: $U_1 = 14{,}1$ V. U_1 ist auch die Spannung an der Parallelkapazität mit dem Blindleitwert $jB_C = j\ 0{,}0061$ S. Der Strom durch C ist also $I_C = U_1 \cdot B_C = 0{,}086$ A.

Wenn bei den Schaltungen der Abb. 86 die Transformation in 2 Schritten erfolgt, so kann man die Regeln der Abb. 34 und 36 einzeln auf die beiden Transformationsschritte anwenden. Dabei gibt derjenige Transformationsschritt, der eine Serienschaltung bedeutet, nur eine Veränderung der Spannungsphase nach Abb. 34, und derjenige Transformationsschritt, der eine Parallelschaltung eines Blindwiderstandes enthält, nur eine Veränderung der Stromphase nach Abb. 36 .

Die Änderung der Phasenwinkel in der Schaltung kann man an den Beispielen leicht erkennen. In Abb. 87 ergibt die Parallelschaltung des C_2, d. h. die Transformation von $\underline{Z}_2$ nach $\underline{Z}'$ nach Abb. 36b ein positives $(\psi' - \psi)$ für die Änderung der Phase des Stromes (Phasendifferenz zwischen $\underline{I}_1 = \underline{I}'$ und $\underline{I}_2$). Die Serienschaltung des C transformiert von $\underline{Z}'$ nach $\underline{Z}_1$, ändert also nach Abb. 34 nur die Phase der Spannung. Die Phasendifferenz $(\chi' - \chi)$ zwischen $\underline{U}_1$ und $\underline{U}_2 = \underline{U}'$ ist negativ und aus dem Dreieck 0 $\underline{Z}'$ $\underline{Z}_1$ zu entnehmen.
In Abb. 88 ergibt die Serienschaltung des L eine Transformation von $\underline{Z}_2$ nach $\underline{Z}'$ und eine positive Phasendifferenz $(\chi' - \chi)$ zwischen $\underline{U}_1$ und $\underline{U}_2$, die sich nach Abb. 34 aus dem Dreieck 0 $\underline{Z}'$ $\underline{Z}_2$ ergibt. Dagegen ergibt die Parallelschaltung des C eine Transformation von $\underline{Z}'$ nach R_1 und eine positive Phasendifferenz $(\psi' - \psi)$ zwischen $\underline{I}_1$ und $\underline{I}_2$, die sich nach Abb. 36b aus dem Dreieck 0 $\underline{Z}'$ R_1 ergibt.

Für die Transformationsschaltung der Abb. 88 soll im folgenden gezeigt werden, wie man die Konstanten der Vierpolgleichungen (359) und (360) in einem einfachen Beispiel bestimmt (Abb. 89). Im Kurzschlußfall (Abb. 89b) erzeugt der Kurzschlußstrom $\underline{I}_{2k}$ an dem Blindwiderstand des L die Spannung $\underline{U}_L = j\omega L \cdot \underline{I}_{2k}$, die gleich der Eingangsspannung $\underline{U}_{1k}$ ist: $\underline{A}_{12} = \underline{U}_{1k}/\underline{I}_{2k} = j\omega L$ nach (362). Durch die Kapazität fließt der Strom $\underline{I}_C = \underline{U}_{1k} \cdot j\omega C$. Der Eingangsstrom ist in Abb. 89b
$\underline{I}_{1k} = \underline{I}_{2k} + \underline{I}_C = \underline{I}_{2k} + \underline{U}_{1k} \cdot j\omega C = \underline{I}_{2k} - \omega^2 LC \cdot \underline{I}_{2k}$;
$\underline{A}_{22} = \underline{I}_{1k}/\underline{I}_{2k} = 1 - \omega^2 LC$
nach (362). Im Leerlauf (Abb. 89c) liegt am Ausgang die Spannung $\underline{U}_{20}$. Die Induktivität L ist stromlos, also ist $\underline{U}_{10} = \underline{U}_{20}$; $\underline{A}_{11} = 1$ nach (366). Der Strom $\underline{I}_{10}$ ist gleich dem Strom durch die Kapazität:
$\underline{I}_{10} = \underline{I}_C = \underline{U}_{10} \cdot j\omega C = \underline{U}_{20} \cdot j\omega C$; $\underline{A}_{21} = \underline{I}_{10}/\underline{U}_{20} = j\omega C$.
Die Vierpolgleichungen lauten:

$$\underline{U}_1 = \underline{U}_2 + j\omega L \cdot \underline{I}_2; \tag{410}$$

$$\underline{I}_1 = j\omega C \cdot \underline{U}_2 + (1 - \omega^2 LC)\, \underline{I}_2 \tag{411}$$

oder mit den Zahlenwerten der Abb. 88 ($\omega L = 68\ \Omega$ und $\omega C = 0{,}0061$ S):

$$\underline{U}_1 = \underline{U}_2 + j\, 68\, \underline{I}_2; \tag{412}$$

$$\underline{I}_1 = j\, 0{,}0061\, \underline{U}_2 + 0{,}585\, \underline{I}_2. \tag{413}$$

Diese Zahlenwertgleichungen sind nur dann richtig, wenn man für alle $\underline{I}$ die Zahlenwerte der Ströme in Ampere und für alle $\underline{U}$ die Zahlenwerte der Spannungen in Volt einsetzt.

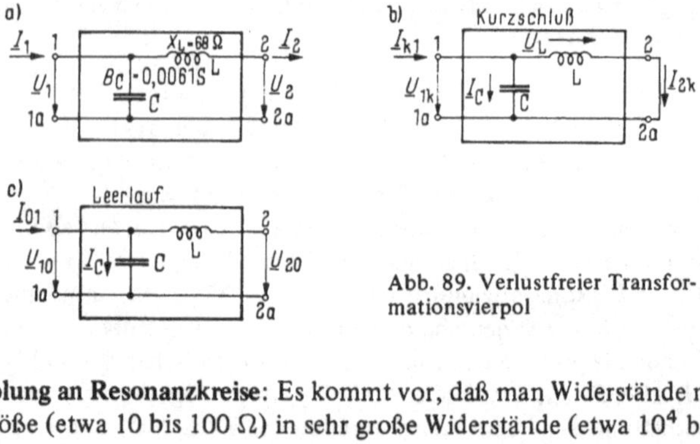

Abb. 89. Verlustfreier Transformationsvierpol

Ankopplung an Resonanzkreise: Es kommt vor, daß man Widerstände mittlerer Größe (etwa 10 bis 100 Ω) in sehr große Widerstände (etwa 10^4 bis 10^5 Ω) transformieren muß, und umgekehrt. Die Schaltungen können dann oft mit Näherungsformeln sehr einfach berechnet werden. Man kommt zu

Schaltungen, deren Hauptbestandteil ein Parallelresonanzkreis ist, der in der Umgebung seiner Resonanzfrequenz betrieben wird.

Betrachtet wird hier die Schaltung Abb. 88, bei der der zu transformierende Widerstand R_2 im induktiven Zweig des Parallelresonanzkreises liegt (Abb. 90a). R_2 sei so klein, daß $R_2 < 0{,}1\ X_L$ ist. Dann ersetzt man die Serienschaltung von R_2 und jX_L formal wie in Abb. 18 durch die Parallelschaltung der Widerstände jX_L und R_1, wobei nach (174) für $R_2 < 0{,}1\ X_L$ näherungsweise

$$R_1 = X_L^2/R_2 \tag{414}$$

ist (Abb. 90b). Parallel dazu schaltet man die Kreiskapazität mit dem Blindwiderstand jX_C. Macht man $|X_C| = X_L$, bringt den Kreis also in Resonanz, so

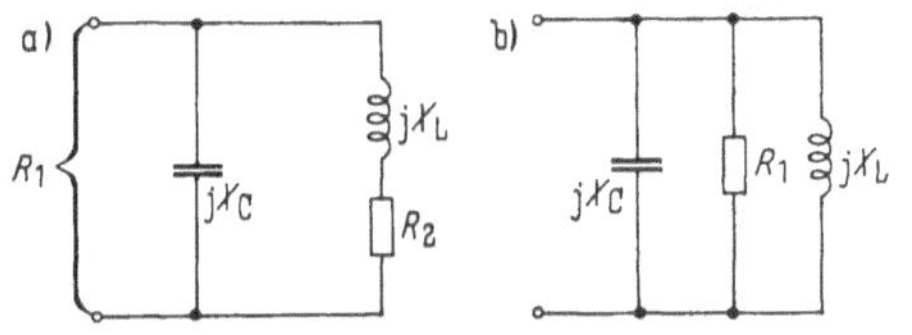

Abb. 90. Transformation eines sehr kleinen Widerstandes R_2 in einen sehr großen Widerstand R_1

heben sich der kapazitive und der induktive Leitwert gegenseitig auf, und es bleibt nur der Wirkwiderstand R_1 nach (414) als Ergebnis der Transformation übrig. Wenn der zu transformierende Widerstand R_2 und der gewünschte Wert R_1 gegeben sind, benötigt man nach (414) zur Transformation Blindwiderstände

$$|X_C| = X_L = \sqrt{R_1\, R_2}\,. \tag{415}$$

Man kann das gegebene R_2 in Abb. 90a auch mit gleichem Erfolg und bei gleichen Blindwiderständen in Serie zur Kapazität des Resonanzkreises schalten. Im Prinzip ist diese Schaltung dann identisch mit Abb. 86h. Da $R_2 < 0{,}1\ X_L$ ist, muß nach (414) $R_1 > 10\ X_L$, der Transformationsfaktor R_1/R_2 also größer als 100 sein, wenn diese Gleichungen benutzt werden sollen, Umkehrung: *Die Transformation eines sehr großen Widerstandes* R_1 *in einen sehr kleinen Widerstand* R_2 erfolgt nach Abb. 91 in umgekehrter Richtung nach den gleichen Formeln (414) und (415).

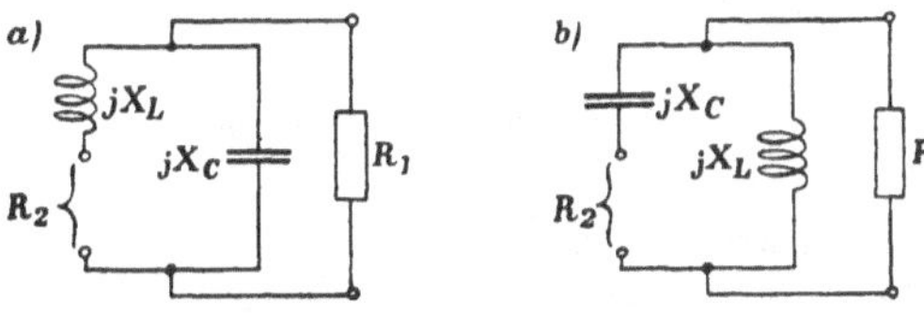

Abb. 91. Transformation eines sehr großen Widerstandes R_1 in einen sehr kleinen Widerstand R_2

V,3. Spannungsteiler und Phasenschieber

Ein Spannungsteiler besteht aus einer Kombination zweier komplexer Widerstände $\underline{Z}_{v1}$ und $\underline{Z}_{v2}$ nach Abb. 92. Der Ausgang der Schaltung ist unbelastet. An dem Gesamtwiderstand $\underline{Z} = \underline{Z}_{v1} + \underline{Z}_{v2}$ liegt die gegebene Spannung $\underline{U}_1$, es fließt der Strom $\underline{I}_1 = \underline{U}_1/\underline{Z}$ durch beide Widerstände, und an dem Widerstand $\underline{Z}_{v2}$ liegt die gesuchte Leerlaufspannung

$$\underline{U}_{20} = \underline{I}_1 \cdot \underline{Z}_{v2} = \underline{U}_1 \frac{\underline{Z}_{v2}}{\underline{Z}_{v1} + \underline{Z}_{v2}} . \tag{416}$$

Das Verhältnis $\underline{U}_{20}/\underline{U}_1$ ist also durch das Verhältnis $\underline{Z}_{v2}/\underline{Z}$ der komplexen Widerstände bedingt. Das „Teilungsverhältnis“, lautet für die Scheitelwerte

$$\frac{U_{20}}{U_1} = \frac{|\underline{Z}_{v2}|}{|\underline{Z}_{v1} + \underline{Z}_{v2}|} = \frac{1}{\left|1 + \frac{\underline{Z}_{v1}}{\underline{Z}_{v2}}\right|} \tag{417}$$

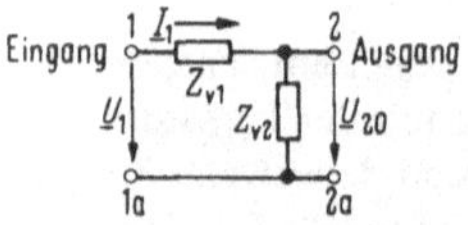

Abb. 92. Spannungsteiler

Wenn man die erzeugte Spannung $\underline{U}_{20}$ praktisch ausnutzen will, muß man an die Ausgangsklemmen, d. h. parallel zu $\underline{Z}_{v2}$, einen Verbraucher $\underline{Z}_2$ nach Abb. 79 legen. Dadurch ändert sich die Ausgangsspannung $\underline{U}_2$, weil sich der Spannungsteilerstrom $\underline{I}_1$ jetzt auf $\underline{Z}_2$ und $\underline{Z}_{v2}$ verteilt, also an $\underline{Z}_{v2}$ nicht mehr die unbelastete Spannung $\underline{I}_1 \cdot \underline{Z}_{v2}$ bestehen kann. Wenn man eine definierte, belastungsunabhängige Spannungsteilung erzeugen will, muß stets der belastende Widerstand $\underline{Z}_2$ groß gegen $\underline{Z}_{v2}$ sein. Für definierte Spannungsteiler besteht daher stets das Problem, wie klein $\underline{Z}_2$ werden darf, damit der entstehende Fehler des $\underline{U}_2$ ein praktisch zulässiges Maß nicht überschreitet.

Frequenzunabhängige Spannungsteiler (Abb. 93): Der Ohmsche Spannungsteiler (Abb. 93a) besteht aus zwei Wirkwiderständen R_1 und R_2:

$$\frac{U_{20}}{U_1} = \frac{R_2}{R_1 + R_2} = \frac{1}{1 + R_1/R_2} . \tag{418}$$

Der kapazitive Spannungsteiler (Abb. 93b) wird bei Hochfrequenz oft verwendet. Obwohl er aus frequenzabhängigen Widerständen besteht, ist die

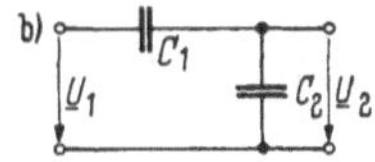

Abb. 93. Frequenzunabhängige Spannungsteiler

Spannungsteilung frequenzunabhängig:

$$\frac{U_{20}}{U_1} = \frac{1/(\omega C_2)}{1/(\omega C_1) + 1/(\omega C_2)} = \frac{C_1}{C_1 + C_2} = \frac{1}{1 + C_2/C_1}\,. \tag{419}$$

Seltener wird der induktive Spannungsteiler (Abb. 93c) benutzt, der auch frequenzunabhängig teilt:

$$\frac{U_{20}}{U_1} = \frac{\omega L_2}{\omega L_1 + \omega L_2} = \frac{L_2}{L_1 + L_2} = \frac{1}{1 + L_1/L_2}\,. \tag{420}$$

Phasendrehung: In diesen Schaltungen findet nicht nur eine Spannungsteilung statt, sondern auch eine Veränderung der Phase der Spannung. Nach (416) ist das Verhältnis $\underline{U}_2/\underline{U}_1$ komplex, wenn Blindwiderstände beteiligt sind und nicht die einfachen Schaltungen der Abb. 93 vorliegen. Zum Beispiel der Abb. 33 ist die Phasendrehung der Spannung in Abb. 34 beschrieben worden. Eine weitere bekannte Phasendrehschaltung zeigt Abb. 94. Es ist

$$\frac{\underline{U}_{20}}{\underline{U}_1} = \frac{U_{20}}{U_1} \cdot e^{j(\chi_2 - \chi_1)} = \frac{R_2}{R_2 - j\,\frac{1}{\omega C_1}} \tag{421}$$

mit

$$\underline{U}_1 = U_1 \cdot e^{j\chi_1};\ \underline{U}_{20} = U_{20} \cdot e^{j\chi_2}. \tag{422}$$

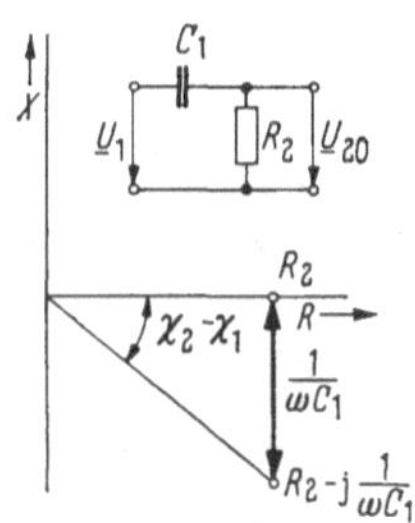

Abb. 94. Phasendrehung der Spannung durch RC-Schaltung

Der Winkel $(\chi_2 - \chi_1)$ beschreibt die Phasendrehung der Spannung durch die Schaltung. In Anwendung von Abb. 34 findet man $\chi_2 - \chi_1$ in Abb. 94, wobei

$$\tan(\chi_2 - \chi_1) = \frac{1}{\omega C_1 R_2}. \tag{423}$$

Je kleiner C_1, desto größer wird die Phasendrehung, die den Wert $\pi/2$ erreicht, wenn C_1 extrem klein ist. Abb. 95 zeigt eine Phasendrehschaltung, die eine Phasendrehung π verursacht. Es ist nach (416)

$$\frac{\underline{U}_{20}}{\underline{U}_1} = \frac{j\omega L}{j\left(\omega L - \frac{1}{\omega C}\right)} = \frac{1}{1 - \frac{1}{\omega^2 LC}}. \tag{424}$$

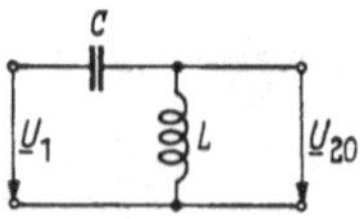

Abb. 95. Phasendrehung der Spannung durch LC-Schaltung

Diese Schaltung ist ein Serienresonanzkreis. Oberhalb der Resonanzfrequenz (216) ist $\omega^2 LC > 1$ und der Nenner in (424) positiv; der Quotient $\underline{U}_{20}/\underline{U}_1$ ist positiv reell, und es tritt keine Phasendrehung ein. Unterhalb der Resonanzfrequenz ist $\omega^2 LC < 1$. Der Quotient $\underline{U}_{20}/\underline{U}_1$ ist dann negativ reell; also besteht nach (10) und (424) die Phasendifferenz π zwischen beiden Spannungen.

V,4. Tiefpaß- und Hochpaßfilter

Unter einem Filter wird ein verlustfreier Vierpol verstanden, der in einem gewissen Frequenzbereich möglichst keine oder nur eine geringe transformierende Wirkung ausübt, d. h. den Verbraucher dort praktisch direkt mit seiner Spannungsquelle verbindet (Durchlaßbereich), in den anderen Frequenzbereichen aber möglichst viel transformiert und dadurch eine so große Fehlanpassung zwischen dem Verbraucher und dem Innenwiderstand der Quelle hervorruft, daß dem Verbraucher praktisch keine Wirkleistung zugeführt wird (Sperrbereich). Um definierte Aussagen zu ermöglichen, wird das Filter hier in der häufig vorkommenden Schaltung der Abb. 96 betrachtet. Der Verbraucher ist ein frequenzunabhängiger Wirkwiderstand R_2, der Innenwider-

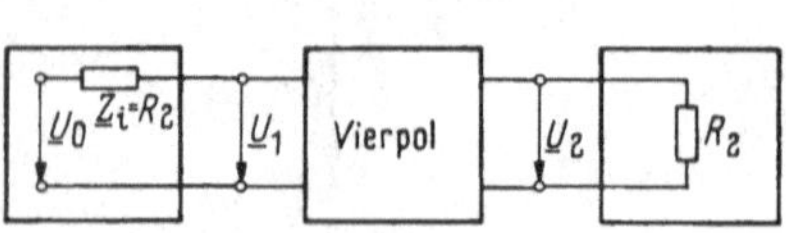

Abb. 96. Filterschaltung

stand der Spannungsquelle ebenfalls ein frequenzunabhängiger Wirkwiderstand $\underline{Z}_i = R_2$, der also gleich dem Verbraucherwiderstand ist. Im Durchlaßbereich transformiert der Vierpol nicht, sein Eingangswiderstand ist dann gleich R_2. Es besteht Anpassung, und der Verbraucher R_2 nimmt nach (303) maximale Leistung auf:

$$P_{W\,max} = \frac{1}{8}\frac{U_0^2}{R_2}. \tag{425}$$

Die Spannung am Verbraucher beträgt nach (408)

$$U_{2\,max} = \sqrt{2\,P_{W\,max}\,R_2} = \frac{1}{2}\,U_0. \tag{426}$$

Solange der Vierpol nur wenig transformiert, liegt der Eingangswiderstand $\underline{Z}_1$ in der Nähe von R_2, und die aufgenommene Wirkleistung P_W ist nach Abb. 60 nur wenig von $P_{W\,max}$ verschieden, die Spannung U_2 am Verbraucher nur unwesentlich kleiner als $U_0/2$. Damit $\underline{U}_2$ klein wird (Sperrbereich), muß P_W sehr klein sein und $\underline{Z}_1$ sehr nahe an der imaginären Achse liegen.

Einfache Kompensationsschaltung: Zunächst muß untersucht werden, unter welchen Bedingungen überhaupt ein verlustfreier Vierpol nicht transformiert. Abb. 97 zeigt eine besonders einfache Schaltung dieser Art. Wenn vor den Wirkwiderstand R_2 eine Serieninduktivität L geschaltet wird, so transformiert diese das R_2 senkrecht nach oben nach $\underline{Z}' = R_2 + j\omega L$. Die anschließende Parallelkapazität verschiebt dann $\underline{Z}'$ nach Abb. 32 auf einem G-Kreis im Uhrzeigersinn. Wenn man den Leitwert $j\omega C$ der Kapazität richtig wählt, kann man dabei $\underline{Z}'$ in einen reellen Widerstand R_1 transformieren (Abb. 97), der dem Ausgangswiderstand R_2 sehr nahe liegt. Die hierfür erforderliche Kapazität gewinnt man aus dem Blindleitwert B' des $\underline{Z}'$ nach (167)

$$\omega C = -B' = \frac{\omega L}{R_2^2 + (\omega L)^2};\quad C = \frac{L}{R_2^2 + (\omega L)^2}. \tag{427}$$

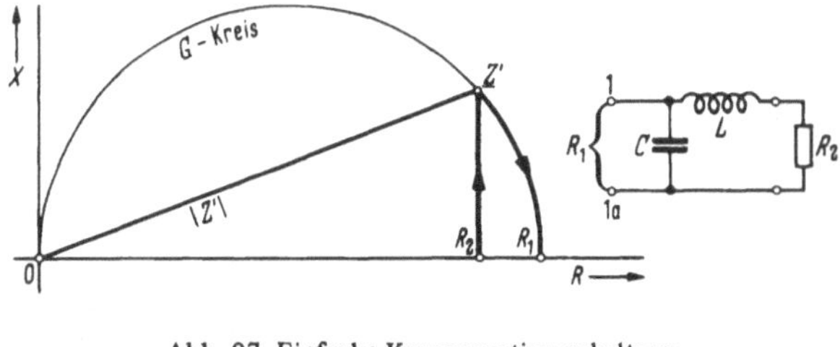

Abb. 97. Einfache Kompensationsschaltung

Das entstehende R_1 gewinnt man aus dem Wirkleitwert G' des $\underline{Z}'$ nach (167)

$$G' = \frac{R_2}{R_2^2 + (\omega L)^2}. \tag{428}$$

G' ist der Wirkleitwert zwischen den Eingangsklemmen 1 und 1a der Abb. 97, $R_1 = 1/G'$ der Eingangswiderstand. Verwendet man hierfür eine Formel wie (170), so wird

$$R_1 = R_2 + \frac{(\omega L)^2}{R_2}. \tag{429}$$

Je kleiner ωL ist, desto näher liegt R_1 an R_2, weil in Abb. 97 der achsennahe Teil des G-Kreises praktisch senkrecht von oben nach unten verläuft, also den durch das kleine $j\omega L$ erzeugten Weg *kompensiert*. Zu beachten ist, daß die Kompensation mit wachsendem ωL immer schlechter wird. Eine Schaltung aus einem Serienwiderstand und einem Parallelwiderstand kann also nie zu einer exakten Kompensation führen, d. h. der Eingangswert R_1 wird nach (429) immer von R_2 verschieden sein. Für hinreichend niedrige Frequenzen ist näherungsweise frequenzunabhängig $R_2 = R_1 = \sqrt{L/C}$. Die Kompensation gelingt also bei gegebenem L und C annähernd frequenzunabhängig, solange ωL genügend klein ist.

Kompensation im T-Glied: Wenn man einen in sich kompensierten, also nicht transformierenden Vierpol aufbauen will, muß man die Schaltung der Abb. 97 zu einer symmetrischen Schaltung nach Abb. 85a ergänzen. Eine Kompensation ist immer dann möglich, wenn die Blindwiderstände jX_{1T} und jX_{2T} *verschiedenes* Vorzeichen haben, der eine also induktiv, der andere kapazitiv ist. Es wird die Schaltung der Abb. 98 als Beispiel betrachtet. Der Verbraucher R_2 wird durch das anschließende Serien-L nach $\underline{Z}' = R_2 + j\omega L$ transformiert, dann nach Abb. 32 durch das Parallel-C auf einem G-Kreis im Uhrzei-

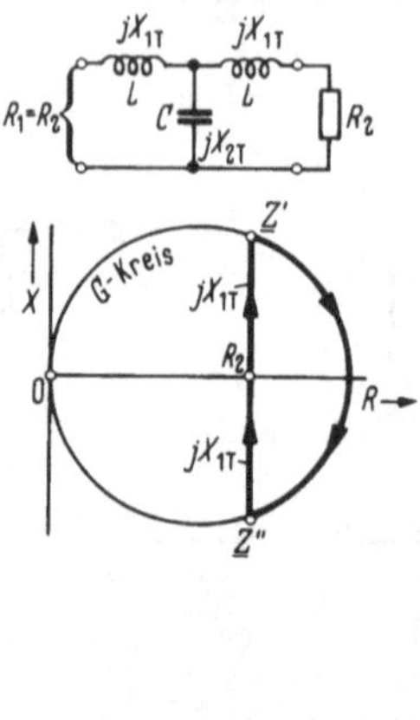

Abb. 98. Symmetrische Kompensationsschaltung in Form eines T-Gliedes

gersinn nach $\underline{Z}''$ verschoben. Die Größe des C wird nun so gewählt, daß $\underline{Z}''$ genau unter R_2 liegt, also $\underline{Z}'' = R_2 - j\omega L$ ist. Dann wird $\underline{Z}''$ durch das vordere Serien-L wieder nach R_2 transformiert. Der Eingangswiderstand ist nun genau gleich dem Abschlußwiderstand. Das $X_{1T} = \omega L$ kann man beliebig wählen, wodurch die Punkte $\underline{Z}'$ und $\underline{Z}''$ gegeben sind. ωC ist jetzt doppelt so groß wie in (427), weil durch die Parallelschaltung des C hier der doppelte Weg auf dem G-Kreis zurückgelegt wird.

Kompensation im Π-Glied: Abb. 99 zeigt das entsprechende Π-Glied nach Abb. 85b. R_2 wird durch das anschließende Parallel-C auf einem G-Kreis

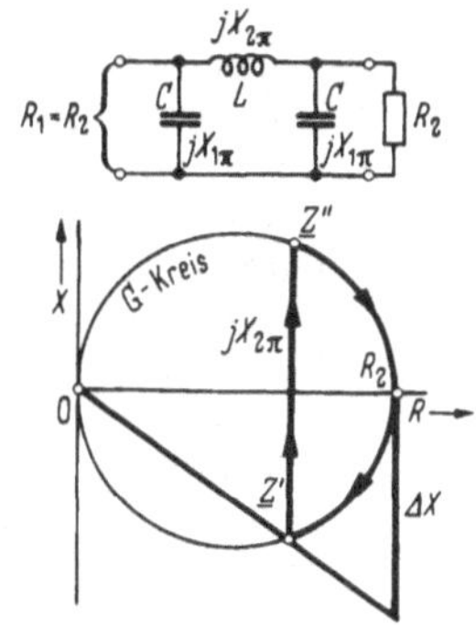

Abb. 99. Symmetrische Kompensationsschaltung in Form eines Π-Gliedes

nach $\underline{Z}'$ verschoben. $\underline{Z}'$ wird dann durch das Serien-L nach $\underline{Z}''$ transformiert, wobei der Blindwiderstand $jX_{2\Pi}$ so gewählt wird, daß $\underline{Z}''$ wieder auf dem durch R_2 gehenden G-Kreis liegt. Das vordere Parallel-C verschiebt dann $\underline{Z}''$ genau nach R_2, so daß der Ausgangspunkt wieder erreicht ist. Das Parallel-C ist frei wählbar, und man gewinnt $\underline{Z}'$ aus der Konstruktion der Abb. 99 mit ΔX aus Abb. 32. Man berechnet den Blindwiderstand jX' des $\underline{Z}'$ nach (176) aus der Parallelschaltung des R_2 und C:

$$\underline{Z}' = R' + jX' = \frac{1}{\frac{1}{R_2} + j\omega C}, \tag{430}$$

$$|X'| = \frac{\omega C\, R_2^2}{1 + (\omega C\, R_2)^2}. \tag{431}$$

Das erforderlich $\omega L = X_{2\Pi}$ für den Weg von $\underline{Z}'$ nach $\underline{Z}''$ in Abb. 99 ist doppelt so groß wie $|X'|$. Nach Division durch ω erhält man dann aus (431)

$$L = \frac{2\,C\,R_2^2}{1 + (\omega C\, R_2)^2}. \tag{432}$$

Die Kompensation ist also bei gegebenem L und C nur für eine einzige, aus (432) zu berechnende Frequenz f erfüllt. Diese Frequenz wird Kompensationsfrequenz f_0 genannt. Aus (432) folgt

$$\omega_0 = 2\pi f_0 = \frac{1}{C R_2} \sqrt{2 R_2^2 \frac{C}{L} - 1}. \tag{433}$$

Je mehr sich $2 R_2^2 C/L$ von 1 entfernt, desto größer wird f_0.

Tiefpaßfilter: Die in Abb. 98 oder 99 dargestellte Kompensation gilt exakt nur für die betrachtete Frequenz f_0, bei der die beteiligten Blindwiderstände die richtige Größe haben. Für die Frequenz Null ($X_2 = 0$; $X_1 = \infty$) ist aber ebenfalls ein solcher Vierpol ohne transformierende Wirkung. Wenn man die Transformation durch den Vierpol für die Frequenzen zwischen Null und der gewählten Kompensationsfrequenz f_0 zahlenmäßig in einem Beispiel durchführt, so erkennt man, daß für diesen Frequenzbereich die Abweichungen des entstandenen Eingangswiderstandes $\underline{Z}_1$ des Filters vom Ausgangswert R_2 nicht sehr groß sind. Das liegt daran, daß sowohl der Blindwiderstand $j\omega L$ als auch der Leitwert $j\omega C$ gleichlaufend proportional zur Frequenz wachsen und daher stets eine teilweise Kompensation entsteht, solange der Transformationsweg von R_2 nach $\underline{Z}'$ klein ist. Für Frequenzen jedoch, die wesentlich größer als f_0 sind, tritt kaum eine Kompensation ein. Der sehr große Querleitwert $j\omega C$ schließt dann den Verbraucher R_2 praktisch kurz, und das sehr große $j\omega L$ verhindert die Ausbildung eines größeren Stromes von der Quelle zum Verbraucher. Den näheren Verlauf des Eingangswiderstandes $\underline{Z}_1$ in Abhängigkeit von der Frequenz zeigt Abb. 100 für die Schaltung der Abb. 98.

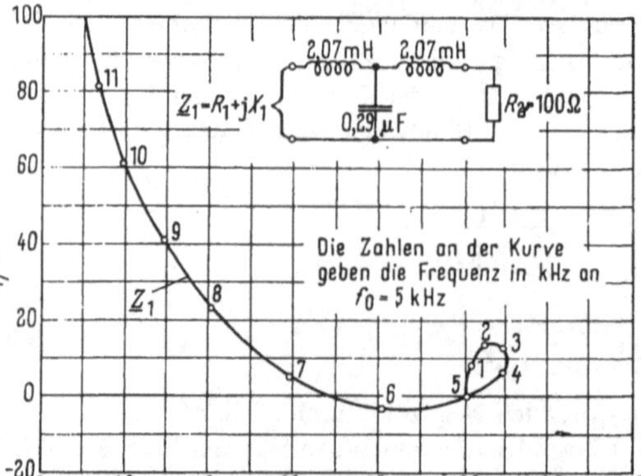

Abb. 100. Eingangswiderstand eines Tiefpaßfilters

Für die Frequenzen Null und f_o ist $\underline{Z}_1 = R_2$; dazwischen durchläuft $\underline{Z}_1$ eine kleine Schleifenkurve und nähert sich für größere Frequenzen asymptotisch der imaginären Achse. Trägt man diese Widerstandskurve in das Wirkleistungsdiagramm der Abb. 61 und verwendet in (300) nach Abb. 96 $X_i = 0$ und $R_i = R_2$, so kann man daraus die von $\underline{Z}_1$ aufgenommene Wirkleistung P_W entnehmen. Da der Vierpol verlustfrei ist, wird das ganze P_W vom Abschlußwiderstand R_2 verbraucht. Für die Frequenzen Null und f_0 ist $\underline{Z}_1 = R_2 = \underline{Z}_i$ und $P_W = P_{W\,max}$. Nach (426) liegt dann an R_2 die Spannung $U_2 = {}^1/_2\, U_0$. Für die anderen Frequenzen ist P_W kleiner und $U_2 < U_0/2$. Je weiter sich $\underline{Z}_1$ im Wirkleistungsdiagramm vom Anpassungspunkt entfernt, desto kleiner wird P_W und U_2. Abb. 101 zeigt den Verlauf von U_2 im Zahlenbeispiel für $U_0 = 2$ V in Abhängigkeit von der Frequenz. Zwischen Null und f_0 wird praktisch die volle Spannung an R_2 erzeugt (Durchlaßbereich); für höhere Frequenzen nimmt die Spannung mit wachsender Frequenz ab (Sperrbereich). Man spricht daher von einem Tiefpaßfilter.

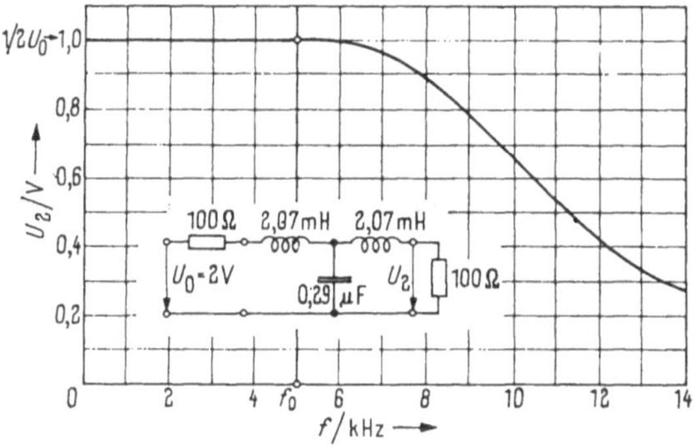

Abb. 101. Durchlaßkurve eines Tiefpaßfilters

Hochpaßfilter: Wenn man als Längswiderstände Kapazitäten und als Querwiderstände Induktivitäten benutzt (Abb. 102), ändert man gegenüber dem Tiefpaßfilter das Vorzeichen der Blindwiderstände. Eine Kompensation für eine bestimmte Frequenz ist auch dann möglich. Bei der Schaltung nach Abb. 102a erfolgt die gleiche Transformation wie in Abb. 98, jedoch in umgekehrter Richtung über $\underline{Z}''$ nach $\underline{Z}'$, ebenso bei der Schaltung der Abb. 102b in umgekehrter Richtung wie in Abb. 99. Die Werte der Blindwiderstände X_1 und X_2 bei der Frequenz f_0 sind (abgesehen vom Vorzeichen) die gleichen wie in Abb. 98, bzw. 99. Das Frequenzverhalten der Schaltungen ist jedoch grundsätzlich anders als vorher, da hier jetzt der Längswiderstand $X_2 = -1/(\omega C)$

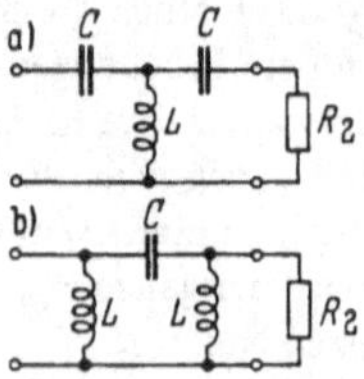

Abb. 102. Hochpaßfilter

und der Querleitwert $B_1 = -1/X_1 = -1/(\omega L)$ umgekehrt proportional zur Frequenz wachsen. $|X_2|$ und $|B_1|$ werden also mit wachsender Frequenz kleiner. Für die Frequenz ∞ ist $X_2 = 0$ und $B_1 = 0$, der Vierpol also wirkungslos (wie bei der Frequenz Null im Tiefpaßfilter). Das Frequenzverhalten dieser Filter zwischen den Frequenzen f_0 und ∞ ist das gleiche wie beim Tiefpaßfilter zwischen den Frequenzen Null und f_0 (praktisch ungestörter Durchlaß). Für Frequenzen unterhalb von f_0 verhält sich dies Filter so wie das Tiefpaßfilter oberhalb von f_0. Man kann die Kurven der Abb. 100 und 101 auf das Hochpaßfilter übertragen, wenn man dort die Frequenz f durch die Frequenz f_0^2/f ersetzt.

V,5. Induktive Kopplung (Transformator)

Der Begriff der Gegeninduktivität (Abb. 103): Gegeben sei eine (Primär-) Spule mit der Induktivität L_1. Sie werde durchflossen von einem Strom mit der komplexen Amplitude $\underline{I}_1 = I_1 \cdot e^{j\psi_1}$ und dem reellen Momentanwert $i_1 = I_1 \cdot \cos(\omega t + \psi_1)$. Dieser Strom erzeugt in der Umgebung der Spule ein

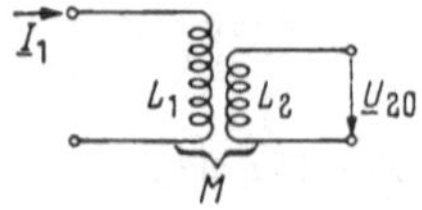

Abb. 103. Induktive Kopplung

magnetisches Wechselfeld. Ein Teil dieses magnetischen Feldes tritt durch eine Sekundärspule L_2. Man sagt, daß die beiden Spulen L_1 und L_2 „magnetisch“ oder „induktiv“ gekoppelt sind, weil die magnetischen Wechselfelder in L_2 eine Spannung induzieren. Es wird hier eine ideale induktive Kopplung betrachtet, bei der der reelle Momentanwert des magnetischen Gesamtflusses Φ_2 in der Sekundärspule proportional zum reellen Momentanwert i_1 des Stromes in der Primärspule ist ($\Phi_2 = M \cdot i_1$) und keine sonstige Beeinflussung der Sekundärspule durch Vorgänge in der Primärspule besteht. Abweichungen von diesem idealen Gesetz entstehen z. B. durch kapazitive Kopplungen zwischen den Spulen und in Spulen mit Eisenkern durch nichtlineare Zusammenhänge zwischen der magnetischen Feldstärke und der magnetischen Induktion im Eisen. In der unbelasteten Sekundärspule wird eine Wechselspannung mit dem reellen Momentanwert u_{20} induziert. Das Induktionsgesetz lautet für die Momentanwerte

$$u_{20} = \frac{d\Phi_2}{dt} = M \cdot \frac{di_1}{dt} = - M \cdot \omega \cdot I_1 \cdot \sin(\omega t + \psi_1). \qquad (434)$$

Den Proportionalitätsfaktor M nennt man die Gegeninduktivität zwischen den Spulen und mißt sie in Henry. u_{20} hat nach (47) gegenüber i_1 eine um $\pi/2$ voreilende Phase und nach (10) die komplexe Amplitude

$$\underline{U}_{20} = \omega M \cdot \underline{I}_1 \cdot e^{j\pi/2} = j\omega M \cdot \underline{I}_1 . \qquad (435)$$

Die Transformatorgleichungen: Man kann die Sekundärspule als eine Spannungsquelle mit der Leerlaufspannung $\underline{U}_{20}$ aus (435) und dem Innenwiderstand $\underline{Z}_i = j\omega L_2$ betrachten, wenn die Spulen als verlustfrei angenommen werden. Hängt an der Sekundärspule ein komplexer Verbraucher $\underline{Z}_2$ (Abb. 104), so fließt im Sekundärkreis ein Strom $\underline{I}_2 = I_2 \cdot e^{j\psi_2}$ durch die Serien-

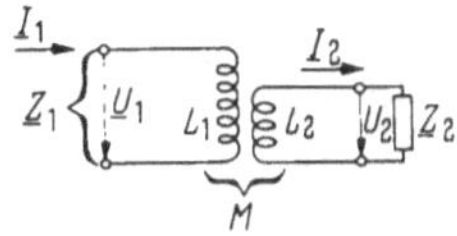

Abb. 104. Transformator mit Verbraucher

schaltung des $\underline{Z}_2$ und des induktiven Blindwiderstandes $j\omega L_2$ der Sekundärspule mit der Induktivität L_2. Nach (298) und (435) gilt im Sekundärkreis

$$\underline{I}_2 = \frac{\underline{U}_{20}}{j\omega L_2 + \underline{Z}_2} = \underline{I}_1 \frac{j\omega M}{j\omega L_2 + \underline{Z}_2} . \qquad (436)$$

Der Primärstrom $\underline{I}_1$ erzeugt einen belastungsabhängigen Sekundärstrom $\underline{I}_2$. An dem Verbraucher $\underline{Z}_2$ liegt die Spannung

$$\underline{U}_2 = \underline{I}_2 \cdot \underline{Z}_2 = \underline{I}_1 \frac{j\omega M \cdot \underline{Z}_2}{j\omega L_2 + \underline{Z}_2} . \qquad (437)$$

Ebenso wie der Primärstrom $\underline{I}_1$ nach (435) in der Sekundärspule eine Spannung induziert, so induziert rückwärts auch der in der Sekundärspule fließende Strom $\underline{I}_2$ eine zusätzliche Spannung in der Primärspule: $\underline{U}_{10} = j\omega M \cdot \underline{I}_2$. Ohne Beweis sei der allgemeine Satz mitgeteilt, daß der Proportionalitätsfaktor M, der hier die induktive Kopplung von der Sekundärspule auf die Primärspule beschreibt, den gleichen Wert M hat, wie er ihn in (435) für die Kopplung von der Primärspule auf die Sekundärspule hatte. Die Gegeninduktivität M ist also in beiden Richtungen gleich groß. Die Spannung $\underline{U}_1$ auf der Primärseite setzt sich daher aus zwei Teilen zusammen, der Spannung $\underline{I}_1 \cdot j\omega L_1$, die der Primärstrom an der Spule L_1 erzeugt (unabhängig davon, ob eine Sekundärspule existiert oder nicht), und der durch den Sekundärstrom induzierten Spannung $\underline{U}_{10}$:

$$\underline{U}_1 = j\omega L_1 \cdot \underline{I}_1 - j\omega M \cdot \underline{I}_2. \tag{438}$$

Das Minuszeichen entsteht durch die Vorzeichenregel des Induktionsgesetzes und soll hier nicht bewiesen werden. Zwei induktiv gekoppelte Spulen bezeichnet man als Transformator oder Übertrager und faßt sie als Vierpol auf. Die Vierpolgleichnung (359) für die Spannung $\underline{U}_1$ gewinnt man aus (438), wenn man $\underline{I}_1$ nach (436) durch $\underline{I}_2$ ausdrückt und dann $\underline{Z}_2$ durch $\underline{U}_2/\underline{I}_2$ ersetzt. Die Vierpolgleichung (360) für den Strom $\underline{I}_1$ gewinnt man aus (436), wenn man $\underline{Z}_2 = \underline{U}_2/\underline{I}_2$ setzt:

$$\underline{U}_1 = \frac{L_1}{M}\,\underline{U}_2 + j\omega M\,\left(\frac{L_1\,L_2}{M^2} - 1\right)\underline{I}_2; \tag{439}$$

$$\underline{I}_1 = -j\,\frac{1}{\omega M}\,\underline{U}_2 + \frac{L_2}{M}\,\underline{I}_2. \tag{440}$$

Diese Gleichnungen gestatten die Anwendung aller bisher abgeleiteten Vierpolgleichungen mit

$$\underline{A}_{11} = \frac{L_1}{M}, \tag{441}$$

$$\underline{A}_{12} = j\omega M\,\left(\frac{L_1\,L_2}{M^2} - 1\right), \tag{442}$$

$$\underline{A}_{21} = -j\,\frac{1}{\omega M}, \tag{443}$$

$$\underline{A}_{22} = \frac{L_2}{M}. \tag{444}$$

Insbesondere ist es möglich, Ersatzbilder aus Blindwiderständen nach Abb. 82 oder 83 aufzustellen, wenn die Spulen verlustfrei sind. Abb. 105 zeigt das T-Ersatzbild, das oft vorteilhaft verwendet werden kann. Die Blindwiderstände des Ersatzbildes lauten nach (380) bis (382)

$$\underline{Z}_{1T} = \frac{\underline{A}_{11} - 1}{\underline{A}_{21}} = j\omega\,(L_1 - M), \tag{445}$$

$$\underline{Z}_{2T} = \frac{1}{\underline{A}_{21}} = j\omega M, \tag{446}$$

$$\underline{Z}_{3T} = \frac{\underline{A}_{22} - 1}{\underline{A}_{21}} = j\omega\,(L_2 - M). \tag{447}$$

Das Ersatzbild besteht aus 3 Induktivitäten $(L_1 - M)$, M und $(L_2 - M)$. Die Gegeninduktivität M bildet den Kernwiderstand. Es gibt Fälle, bei denen eine der Ersatzinduktivitäten negativ ist. Dies beeinflußt jedoch die formale Brauchbarkeit des Ersatzbildes nicht. Die Möglichkeit, daß in diesem Ersatzbild eine negative Induktivität entsteht, kommt nur bei großem M vor, also bei Transformatoren mit Eisenkern. Bei den Transformatoren mit Luftspulen ist dagegen das M wesentlich kleiner und alle 3 Induktivitäten in Abb. 105 positiv. Bei Verwendung solcher Ersatzbilder kann man das Verhalten des Transformators durch eine Kombination von Serien- und Parallelschaltungen beschreiben, die Regeln der Abb. 29 verwenden und Transformationen wie in Abschn. V,2 durchführen.

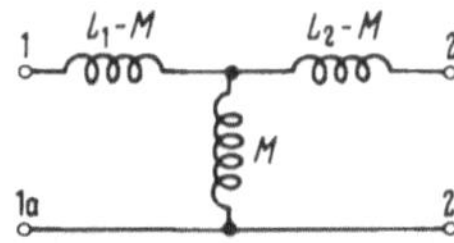

Abb. 105. Transformator-Ersatzbild

Streuungsfreier Übertrager: Ein Transformator mit der speziellen Eigenschaft

$$M = \sqrt{L_1 L_2} \tag{447a}$$

ergibt wegen $\underline{A}_{12} = 0$ besonders einfache Formeln. Ein solcher Transformator wird als streuungsfreier Transformator bezeichnet, wobei ein Transformator mit Eisenkern diesen Zustand recht gut annähern kann. Nach (439) gilt dann

$$\underline{U}_1 = \frac{L_1}{M} \cdot \underline{U}_2; \quad \underline{U}_2 = \frac{M}{L_1} \underline{U}_1. \tag{448}$$

Die Eingangsspannung steht zur Ausgangsspannung in einem frequenzunabhängigen und stromunabhängigen Verhältnis. Setzt man dies $\underline{U}_2$ in (440) ein, so wird

$$\underline{I}_1 = -j \frac{1}{\omega L_1} \underline{U}_1 + \frac{L_2}{M} \cdot \underline{I}_2 = \underline{I}_{10} + \underline{I}. \tag{449}$$

Der Strom $\underline{I}_1$ setzt sich zusammen aus dem Leerlaufstrom $\underline{I}_{10} = \underline{U}_1/(j\omega L_1)$ durch L_1 und einen Zusatzstrom $\underline{I}$, der gleich dem Sekundärstrom $\underline{I}_2$ mit einem frequenzunabhängigen Faktor L_2/M ist. Der Übersetzungsfaktor L_2/M des Stromes ist wegen $M = \sqrt{L_1 L_2}$ gleich dem Reziprokwert des Übersetzungsfaktors L_1/M der Spannung in (448). In diesem Fall ist die Formel für den Eingangsleitwert sehr einfach, wenn man (449) verwendet

$$\underline{Y}_1 = \frac{\underline{I}_1}{\underline{U}_1} = -j \frac{1}{\omega L_1} + \frac{L_2}{M} \cdot \frac{\underline{I}_2}{\underline{U}_1} = -j \frac{1}{\omega L_1} + \frac{L_2}{L_1} \frac{\underline{I}_2}{\underline{U}_2} = -j \frac{1}{\omega L_1} + \frac{L_2}{L_1} \underline{Y}_2, \tag{450}$$

wobei $\underline{Y}_2 = \underline{I}_2/\underline{U}_2$ der Leitwert des Verbrauchers ist und das $\underline{U}_1$ durch $\underline{U}_2$ nach (448) ersetzt wurde. Der Eingangsleitwert des streuungsfreien Transformators ist also die Parallelschaltung des Leitwerts der Primärspule L_1 und des mit dem Faktor L_2/L_1 multiplizierten Leitwerts des Verbrauchers (Abb. 106). Ströme $\underline{I}_{10}$ und $\underline{I}$ aus (449).

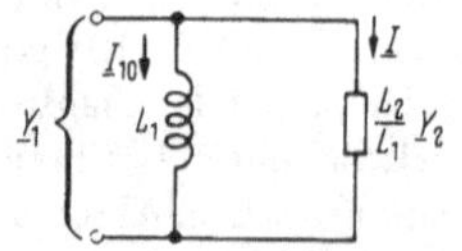

Abb. 106. Ersatzbild des streuungsfreien Transformators

Idealer Übertrager: Der ideale Übertrager ist ein streuungsfreier Übertrager nach (447a) mit unendlich großer Primärinduktivität L_1. In der Praxis bedeutet dies, daß L_1 so groß ist, daß in allen betrachteten Betriebsfällen der Strom $\underline{I}_{10}$ durch L_1 neben dem Strom $\underline{I}$ durch den transformierten Verbraucher vernachlässigt werden kann. Dann ist nach (448) und (449) für $\underline{I}_{10} = 0$

$$\underline{U}_1 = \frac{L_1}{M} \cdot \underline{U}_2; \quad \underline{I}_1 = \frac{L_2}{M} \underline{I}_2; \quad \underline{Y}_1 = \frac{L_2}{L_1} \underline{Y}_2 \tag{451}$$

oder mit dem Übersetzungsverhältnis

$$ü = L_1/M = M/L_2 = \sqrt{L_1/L_2} \tag{452}$$

$$\underline{U}_1 = ü \cdot \underline{U}_2; \quad \underline{I}_1 = \frac{1}{ü} \underline{I}_2; \tag{453}$$

$$\underline{Y}_1 = \frac{1}{ü^2} \underline{Y}_2; \quad \underline{Z}_1 = ü^2 \underline{Z}_2. \tag{454}$$

Einen solchen Transformator nennt man einen idealen Transformator. Er ist nie exakt realisierbar, sondern nur ein gedachtes Gebilde, das in Ersatzschaltbilder eingeführt wird, um Rechnungen formal zu vereinfachen.

Transformator-Ersatzbild mit idealem Übertrager: In der Starkstromtechnik vermeidet man gern das Negativwerden der einen Induktivität im Ersatzbild der Abb. 105, indem man das Ersatzbild der Abb. 105 wie in Abb. 107 durch

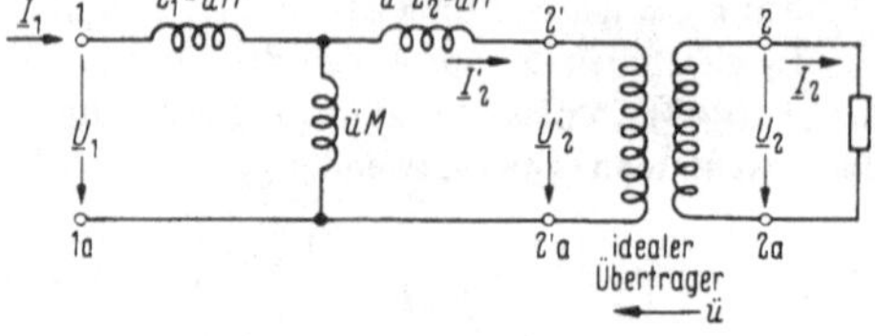

Abb. 107. Transformator-Ersatzbild

einen idealen Übertrager ergänzt. In die gedachten Klemmen 2' und 2a' fließt nach (453) ein Strom $\underline{I}_2' = \underline{I}_2/ü$ und zwischen ihnen liegt die Spannung $\underline{U}_2' = \underline{U}_2 \cdot ü$, wobei ü eine frei wählbare reelle Zahl ist. In (439) und (440) führt man $\underline{I}_2'$ und $\underline{U}_2'$ ein:

$$\underline{U}_1 = \frac{L_1}{ü\,M} \cdot \underline{U}_2' + j\omega ü\,M\left(\frac{L_1 \cdot ü^2\,L_2}{ü^2\,M^2} - 1\right)\underline{I}_2', \tag{455}$$

$$\underline{I}_1 = -j\,\frac{1}{\omega\,ü\,M}\,\underline{U}_2' + \frac{ü^2\,L_2}{ü\,M}\,\underline{I}_2'. \tag{456}$$

Dieses sind die Vierpolgleichungen des zwischen den Klemmen 1 und 1a und den Klemmen 2' und 2a' liegenden Vierpols, der sich von dem Vierpol der Abb. 105 dadurch unterscheidet, daß statt M das ü M und statt L_2 das $ü^2\,L_2$ auftritt; vgl. Abb. 107. Durch passende Wahl des ü kann man das Ersatzbild dem jeweiligen Zweck anpassen. Zwischen den Klemmen 2' und 2a' erscheint nach (454) der Verbraucher als $ü^2\,\underline{Z}_2$. Wählt man speziell $ü = M/L_2$, so wird $ü^2\,L_2 - ü\,M = 0$ und die dritte Induktivität entfällt im Ersatzbild der Abb. 107. Man erhält dann das einfachere Ersatzbild der Abb. 108 mit den Induktivitäten $L_1 - M^2/L_2$ und $M^2/L_2 = ü^2 L_2$.

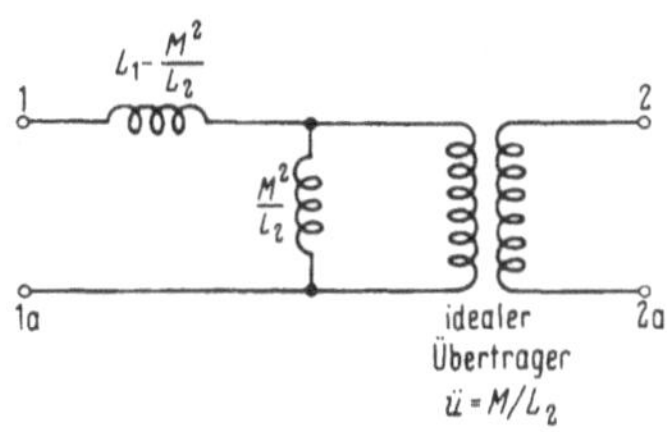

Abb. 108. Transformator-Ersatzbild

Transformator im Leerlauf: Es ist nach Abb. 103 $\underline{I}_2 = 0$ und dann nach (439) $\underline{U}_1 = \underline{U}_2 L_1/M$. Das Spannungs-Übersetzungsverhältnis ist frequenzunabhängig und reell

$$\frac{\underline{U}_2}{\underline{U}_1} = \frac{M}{L_1}. \tag{457}$$

Den mit einem sehr großen Widerstand $\underline{Z}_2$ ($\gg \omega L_2$) belasteten, also nahezu im Leerlauf arbeitenden Transformator benutzt man als *Spannungswandler*, um eine gegebene Spannung $\underline{U}_1$ frequenzunabhängig in eine anderen Spannung $\underline{U}_2$ zu verwandeln, die durch geeignete Wahl von M und L_1 in eine jeweils zweckmäßige Größenordnung gelegt werden kann. Aus (439) und (440) folgt für $\underline{I}_2 = 0$:

$$\underline{I}_{10} = -j\,\frac{1}{\omega L_1}\,\underline{U}_1. \tag{458}$$

Dieses $\underline{I}_{10}$ nennt man den *Leerlaufstrom* des Transformators. Auf der Primärseite besitzt der Transformator den Leerlaufwiderstand

$$\underline{Z}_{10} = \frac{\underline{U}_1}{\underline{I}_{10}} = j\omega L_1. \tag{459}$$

Transformator im Kurzschluß: $\underline{Z}_2 = 0$; $\underline{U}_2 = 0$; $\underline{I}_1 = \underline{I}_2 L_2/M$ nach (440). Das Strom-Übersetzungsverhältnis ist frequenzunabhängig:

$$\frac{\underline{I}_2}{\underline{I}_1} = \frac{M}{L_2}. \tag{460}$$

Den mit kleinem $\underline{Z}_2$ belasteten, also nahezu im Kurzschluß arbeitenden Transformator benutzt man daher auch als *Stromwandler*, um aus einem gegebenen Strom $\underline{I}_1$ frequenzunabhängig einen anderen Strom $\underline{I}_2$ abzuleiten.

Komplex belasteter Transformator: Die Sekundärspule sei mit dem Widerstand $\underline{Z}_2 = \underline{U}_2/\underline{I}_2 = R_2 + jX_2$ belastet (Abb. 104). Der zwischen den Eingangsklemmen der Primärspule gemessene Eingangswiderstand lautet nach (436) und (438):

$$\underline{Z}_1 = \frac{\underline{U}_1}{\underline{I}_1} = j\omega L_1 - j\omega M \frac{\underline{I}_2}{\underline{I}_1} = j\omega L_1 + \frac{(\omega M)^2}{j\omega L_2 + \underline{Z}_2} = \underline{Z}_{10} + \underline{Z}_S. \tag{461}$$

Der Eingangswiderstand setzt sich aus dem Leerlaufwiderstand $\underline{Z}_{10}$ nach (459) und einem Zusatzwiderstand $\underline{Z}_S = R_S + jX_S$ zusammen, der durch die Vorgänge auf der Sekundärseite verursacht wird und dem Quadrat der Gegeninduktivität M proportional ist. Diese wichtige Gleichung wertet man mit Hilfe des Kreisdiagramms der Abb. 27 aus. Man setze

$$\underline{b} = b_1 + jb_2 = \frac{1}{(\omega M)^2} (j\omega L_2 + \underline{Z}_2); \tag{462}$$

$$b_1 = R_2/(\omega M)^2; \; b_2 = (\omega L_2 + X_2)/(\omega M)^2. \tag{463}$$

$$\underline{a} = a_1 + ja_2 = 1/\underline{b} = \underline{Z}_S; \; a_1 = R_S; \; a_2 = X_S; \tag{464}$$

$$\underline{Z}_1 = j\omega L_1 + \underline{a}. \tag{465}$$

Das Diagramm für $\underline{Z}_1$ (Abb. 109) ist also das um $j\omega L_1$ nach oben verschobene Diagramm des $\underline{a}$ aus Abb. 27. Die Komponenten des $\underline{Z}_1$ zählen vom Nullpunkt des $\underline{Z}_1$ aus, die Komponenten des $\underline{Z}_S$ vom Nullpunkt des Kreisdiagramms aus. Wenn ein bestimmtes $\underline{Z}_2$ gegeben ist, bilde man nach (463) die Größen b_1 und b_2. Den Punkt $\underline{a} = \underline{Z}_S$ findet man dann im Diagramm als Schnittpunkt der zu b_1 und b_2 gehörenden Diagrammkreise. Der Zeiger vom Nullpunkt des $\underline{Z}_1$ nach $\underline{a}$ ist das gesuchte $\underline{Z}_1$. Die Größen U_2 und I_2 der Sekundärseite findet man nach den folgenden Formeln, wenn man voraussetzt, daß die Transformation verlustlos erfolgt. Die primär zugeführte Wirkleistung P_W wird

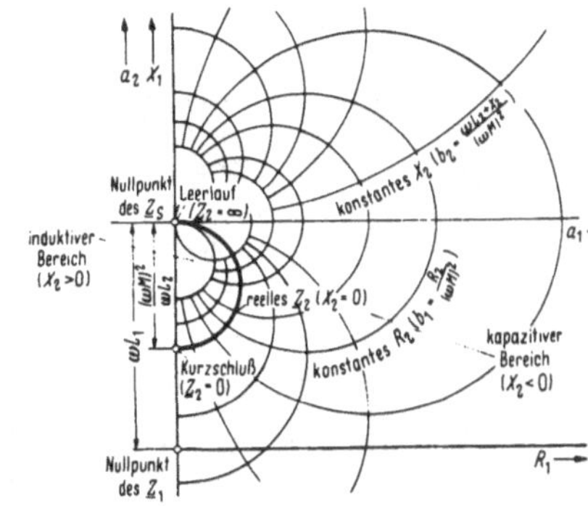

Abb. 109. Eingangswiderstand des verlustfreien Transformators

dann dem Verbraucher $\underline{Z}_2$ zugeführt. Nach (405) und (409) ist für verlustfreie Impedanztransformation

$$\frac{I_2}{I_1} = \sqrt{\frac{R_1}{R_2}};\ \frac{U_2}{U_1} = \sqrt{\frac{G_1}{G_2}};\ \frac{I_2}{U_1} = \sqrt{\frac{G_1}{R_2}}. \tag{466}$$

G_1 ist der Wirkleitwert des $\underline{Z}_1$, G_2 der Wirkleitwert des $\underline{Z}_2$.

V,6. Brückenschaltungen

Die einfachste Brückenschaltung zeigt Abb. 110a. Der Querwiderstand $\underline{Z}_B$ ist dabei als Verbraucher anzusehen. Man kann die Brücke mit den Eingangsklem-

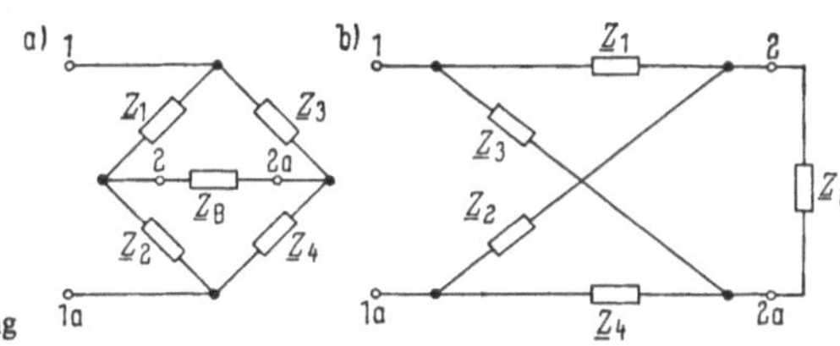

Abb. 110. Brückenschaltung

men 1 und 1a und den Anschlußklemmen 2 und 2a des $\underline{Z}_B$ auch als Vierpol auffassen und nach Abb. 110b als sogenannte Kreuzschaltung zeichnen. Diese Schaltung zeichnet sich dadurch aus, daß bei geeigneter Dimensionierung der Brückenwiderstände $\underline{Z}_1$ bis $\underline{Z}_4$ die Spannung $\underline{U}_B$ am Verbraucher $\underline{Z}_B$ Null werden kann. Im folgenden soll lediglich die Frage beantwortet werden, unter welchen Bedingungen dieser Nullabgleich eintritt. Wenn an $\underline{Z}_B$ keine Spannung liegt, fließt durch $\underline{Z}_B$ auch kein Strom (Abb. 111). In der Brücke

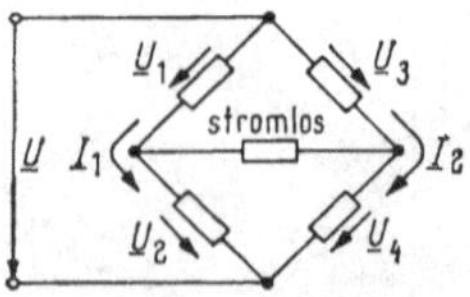

Abb. 111. Abgeglichene Brücke

fließt dann der Strom $\underline{I}_1$ durch die Serienschaltung von $\underline{Z}_1$ und $\underline{Z}_2$ und der Strom $\underline{I}_2$ durch die Serienschaltung von $\underline{Z}_3$ und $\underline{Z}_4$. Liegt an der Brücke seitens der Spannungsquelle die Spannung $\underline{U}$, so ist $\underline{I}_1 = \underline{U}/(\underline{Z}_1 + \underline{Z}_2)$ und $\underline{I}_2 = \underline{U}/(\underline{Z}_3 + \underline{Z}_4)$. An den einzelnen Widerständen liegen die Spannungen

$$\underline{U}_1 = \frac{\underline{U} \cdot \underline{Z}_1}{\underline{Z}_1 + \underline{Z}_2}; \quad \underline{U}_2 = \frac{\underline{U} \cdot \underline{Z}_2}{\underline{Z}_1 + \underline{Z}_2}; \quad \underline{U}_3 = \frac{\underline{U} \cdot \underline{Z}_3}{\underline{Z}_3 + \underline{Z}_4}; \quad \underline{U}_4 = \frac{\underline{U} \cdot \underline{Z}_4}{\underline{Z}_3 + \underline{Z}_4}. \tag{467}$$

Wenn durch $\underline{Z}_B$ kein Strom fließt, darf zwischen seinen Klemmen 2 und 2a keine Spannung liegen. Es muß also $\underline{U}_1 = \underline{U}_3$ und $\underline{U}_2 = \underline{U}_4$ sein. Daraus folgt

$$\frac{\underline{Z}_1}{\underline{Z}_1 + \underline{Z}_2} = \frac{\underline{Z}_3}{\underline{Z}_3 + \underline{Z}_4}; \quad \frac{\underline{Z}_2}{\underline{Z}_1 + \underline{Z}_2} = \frac{\underline{Z}_4}{\underline{Z}_3 + \underline{Z}_4}. \tag{468}$$

Bildet man den Quotienten dieser beiden Gleichungen, so bleibt

$$\frac{\underline{Z}_1}{\underline{Z}_2} = \frac{\underline{Z}_3}{\underline{Z}_4}; \quad \frac{|\underline{Z}_1|}{|\underline{Z}_2|} = \frac{|\underline{Z}_3|}{|\underline{Z}_4|}; \quad \varphi_1 - \varphi_2 = \varphi_3 - \varphi_4. \tag{469}$$

Wenn drei dieser Widerstände gegeben sind und die Spannung im Querzweig $\underline{Z}_B$ verschwindet, kann man den vierten Widerstand nach (469) berechnen. Dies ist die bekannte Anwendung der Brückenschaltung für Meßzwecke. Die Brücke ist bereits bei Gleichstrom bekannt. Neu ist bei Wechselstrom die Tatsache, daß der Brückabgleich nach (469) zwei Gleichungen befriedigen muß, nämlich eine Gleichung zwischen den Absolutwerten und eine Gleichung zwischen den Phasen der Widerstände. Wenn $\underline{Z}_4$ der unbekannte Widerstand ist, können beispielsweise $\underline{Z}_1$ und $\underline{Z}_3$ beliebige konstante Widerstände sein. $\underline{Z}_2$ muß dann veränderlich sein, und zwar sein Absolutwert und seine Phase, um den Brückenabgleich zu ermöglichen. Nach (469) ist

$$\underline{Z}_4 = \underline{Z}_2 \frac{\underline{Z}_3}{\underline{Z}_1}; \quad |\underline{Z}_4| = |\underline{Z}_2| \frac{|\underline{Z}_3|}{|\underline{Z}_1|}; \quad \varphi_4 = \varphi_2 + \varphi_3 - \varphi_1. \tag{470}$$

Die Größe $\underline{Z}_3/\underline{Z}_1$ tritt hier als konstanter Faktor in der Auswertung auf. Es ist oft zweckmäßig, $\underline{Z}_1$ und $\underline{Z}_3$ die *gleiche* Phase zu geben ($\varphi_3 = \varphi_1$), damit die einfache Formel $\varphi_4 = \varphi_2$ entsteht. Wenn die Brücke für verschiedene Frequenzen gebraucht wird, nimmt man als $\underline{Z}_1$ und $\underline{Z}_3$ oft Widerstände *gleicher* Art, also mit gleicher Frequenzabhängigkeit, damit der Faktor $\underline{Z}_3/\underline{Z}_1$

frequenzunabhängig wird. Man benutzt also zwei Wirkwiderstände R_1 und R_3 oder zwei Induktivitäten L_1 und L_3 oder zwei Kapazitäten C_1 und C_3 (Abb. 112). Aus (470) wird dann frequenzunabhängig

$$\underline{Z}_4 = \underline{Z}_2 \frac{R_3}{R_1} \quad \text{oder} \quad \underline{Z}_4 = \underline{Z}_2 \frac{L_3}{L_1} \quad \text{oder} \quad \underline{Z}_4 = \underline{Z}_2 \frac{C_1}{C_3}. \tag{471}$$

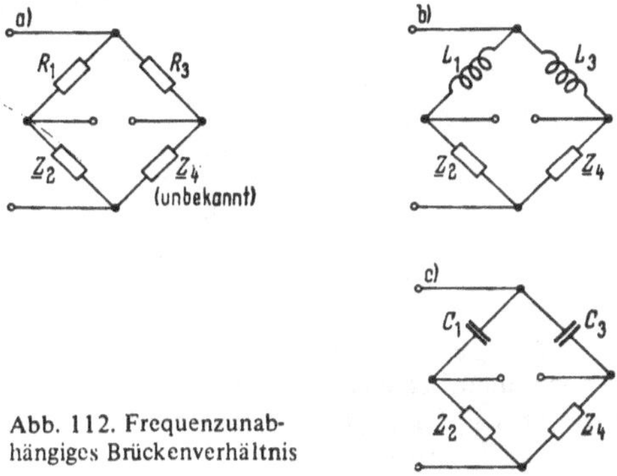

Abb. 112. Frequenzunabhängiges Brückenverhältnis

Der Vergleichswiderstand: Der Aufbau des Vergleichswiderstandes $\underline{Z}_2$, der leicht veränderlich und genau bekannt sein muß, hängt von der Art des Meßobjekts $\underline{Z}_4$ ab. Als $\underline{Z}_2$ benutzt man gern die Serien- oder Parallelschaltung einer veränderlichen, verlust- und induktionsarmen Kapazität C_2 und eines veränderlichen Wirkwiderstandes R_2 (Abb. 113). Man vermeidet bei der Herstellung des $\underline{Z}_2$ sehr große Kapazitäten und Wirkwiderstände durch zweck-

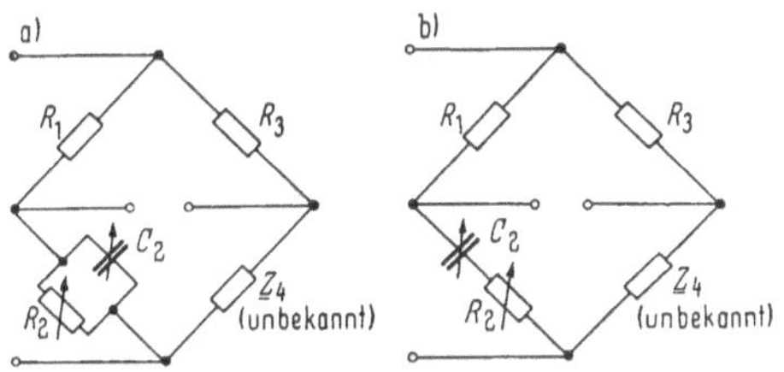

Abb. 113. Messung von Widerständen mit kapazitiver Phase

mäßige Auswahl zwischen einer Serien- oder Parallelschaltung der veränderlichen Widerstände nach Abb. 113a und b unter Benutzung von (170) und (171). Z. B. kann man nach (172) eine große Kapazität (kleines $|X|$) in Serie zu einem Wirkwiderstand durch eine kleine Kapazität (großes $|X_p|$) parallel zu diesem Wirkwiderstand und einen großen Widerstand parallel zu einer Kapazität durch einen kleinen Widerstand in Serie zu dieser Kapazität ersetzen. In den Schaltungen der Abb. 113 eignet sich ein solches veränderliches $\underline{Z}_2$ nur zur Messung von Widerständen mit kapazitiver Phase ($\varphi_4 < 0$). Widerstände $\underline{Z}_2$ mit veränderlicher induktiver Phase sind meist schwierig herzustellen. Man schaltet dann oft nach Abb. 114a parallel oder in Serie zum unbekannten, mit induktiver Phase behafteten $\underline{Z}_4$ ein bekannte feste Kapazi-

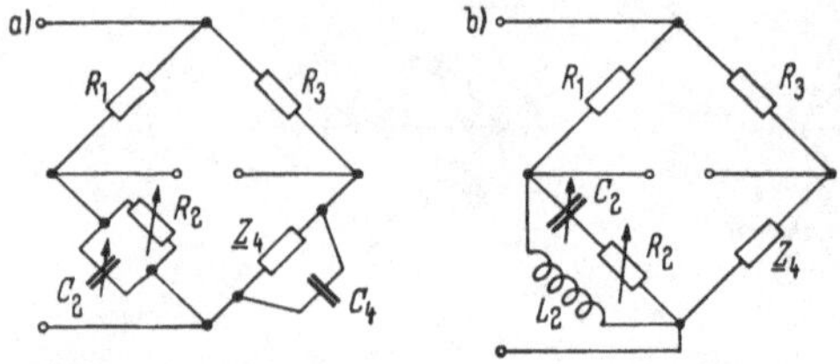

Abb. 114. Messung von Widerständen mit induktiver Phase

tät C_4, um dadurch dem $\underline{Z}_4$ eine kapazitive Phase zu geben. Oder man schaltet in Serie oder parallel zum veränderlichen $\underline{Z}_2$ eine bekannte, unveränderliche Induktivität L_2 nach Abb. 114b, um dadurch $\underline{Z}_2$ eine induktive Phase zu geben. Man kann auch $\underline{Z}_2$ einen festen Wert geben und beispielsweise $\underline{Z}_1$ verändern. Ein induktives $\underline{Z}_4$ läßt sich bei reellen R_2 und R_3 durch eir kapazitives $\underline{Z}_1$ abgleichen. Zum Beispiel kann man nach Abb. 115 eine Induktivität L_4 nach (470) frequenzunabhängig durch eine Kapazität C_1 am Ort des $\underline{Z}_1$ messen:

$$\underline{Z}_1 = -j \cdot 1/(\omega C_1);\ \underline{Z}_2 = R_2;\ \underline{Z}_3 = R_3;\ \underline{Z}_4 = j\omega L_4; \tag{472}$$

$$L_4 = R_2 \cdot R_3 \cdot C_1. \tag{473}$$

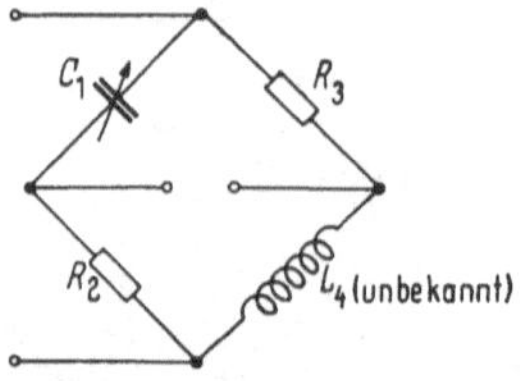

Abb. 115. Brückenabgleich mit gegenüberliegenden Widerständen

Brücken zur Frequenzmessung: Wenn eine Brücke aus frequenzabhängigen, bekannten Widerständen besteht, kann man sie auch zur Frequenzmessung benutzen. In Abb. 116 sind feste Größen R_1, R_2, R_3 und C_2 gegeben, während R_4 und C_4 veränderlich, aber geeicht sind. Zum Abgleich der Brükke gehören bei einer gegebenen Frequenz jeweils bestimmte Werte von C_4

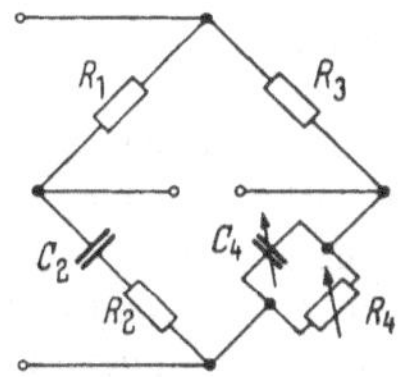

Abb. 116. Brücke zur Frequenzmessung

und R_4, aus denen man die Frequenz leicht berechnen kann. Die Brückengleichung (469) lautet hier mit

$\underline{Z}_1 = R_1$; $\underline{Z}_2 = R_2 - j \cdot 1/(\omega C_2)$; $\underline{Z}_3 = R_3$; $\underline{Z}_4 = 1/(1/R_4 + j\omega C_4)$;

$$\frac{R_1}{R_3} = (R_2 - j\frac{1}{\omega C_2})(\frac{1}{R_4} + j\omega C_4). \tag{474}$$

Eine weitere Möglichkeit zeigt Abb. 117. Die Brücke besitzt vier gleiche Wirkwiderstände, in einem Brückenzweig ferner eine feste Induktivität L_1 und

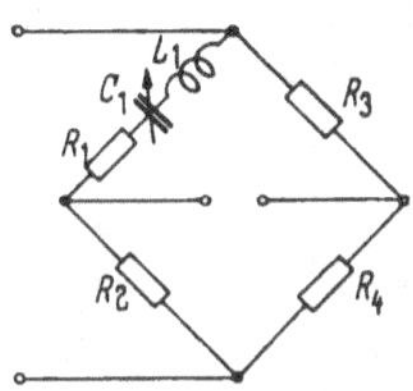

Abb. 117. Brücke zur Frequenzmessung durch Resonanz

eine veränderliche, geeichte Kapazität C_1. Bei abgeglichener Brücke besteht Serienresonanz nach (215) bei derjenigen Frequenz, bei der sich die beiden Blindwiderstände gegenseitig kompensieren. Mit dem bekannten L_1 und dem eingestellten C_1 der abgeglichenen Brücke kann man die unbekannte Frequenz nach (216) berechnen.

VI. Zeitabhängige Amplituden

Bisher wurden nur sinusförmige Vorgänge mit konstanter Frequenz und konstanter Amplitude behandelt. Die komplexe Rechenmethode läßt sich jedoch auf Vorgänge mit wesentlich allgemeinerer Zeitabhängigkeit erweitern. Im Folgenden werden die beiden einfachsten Beispiele behandelt, die typisch für diese Erweiterungsmöglichkeiten sind.

VI,1. Amplitudenmodulierte Schwingung

Bei einer amplitudenmodulierten Schwingung ist die Amplitude M aus (52) zeitabhängig. Derartige Schwingungen kann man durch eine Summe von einfachen Schwingungen nach (52) mit verschiedener Frequenz und verschiedener Amplitude ausreichend annähern. Das einfachste Beispiel ist eine Schwingung, die cos-förmig amplitudenmoduliert ist. In diesem Fall verläuft die Amplitude M nach der Funktion

$$M = A_T + A_M \cos(\omega_M t + \psi_M) \tag{475}$$

und der reelle Momentanwert in seiner einfachsten Form (42)

$$m_1 = M \cdot \cos \omega t = [A_T + A_M \cdot \cos(\omega_M t + \psi_M)] \cos \omega t. \tag{476}$$

Hierbei ist der Zeitpunkt t = 0 so gewählt, daß die Schwingung cos ωt zur Zeit t = 0 wie in (42) durch ein Maximum geht; Nullphasenwinkel $\psi_0 = 0$ in Abb. 7. Diese Annahme über t = 0 schränkt die Allgemeingültigkeit der Ergebnisse nicht ein. Der Momentanwert m_1 und seine Umhüllende M sind in Abb. 118 dargestellt. $\omega = 2\pi f$ ist die Trägerfrequenz, A_T die Trägeramplitude $\omega_M = 2\pi f_M$ die Modulationsfrequenz, A_M die Modulationsamplitude,

$$\nu = \frac{A_M}{A_T} \tag{477}$$

der Modulationsgrad, der immer kleiner als 1 ist, wenn in Abb. 118 die kleinste Amplitude $A_{min} = A_T - A_M$ größer als Null bleiben soll. ψ_M beschreibt die Phasenlage der Modulation.

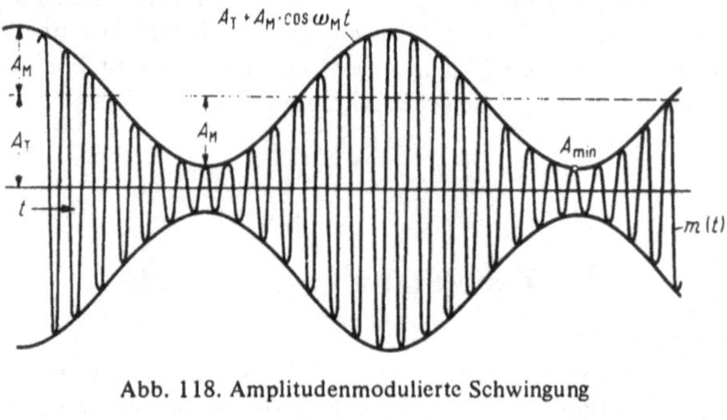

Abb. 118. Amplitudenmodulierte Schwingung

Mit Hilfe der allgemeinen Formel

$$\cos\alpha \cdot \cos\beta = \frac{1}{2}\cos(\alpha - \beta) + \frac{1}{2}\cos(\alpha + \beta) \tag{478}$$

kann man die Schwingung (476) in 3 Schwingungen konstanter Amplitude und konstanter (aber verschiedener) Frequenz zerlegen.

$$m_1 = A_T \cdot \cos \omega t + \frac{1}{2} A_M \cdot \cos [(\omega - \omega_M) t - \psi_M] + \frac{1}{2} A_M \cdot \cos [(\omega + \omega_M) t + \psi_M]. \qquad (479)$$

Die Verteilung der Frequenzen und der Amplituden dieser Summe zeigt Abb. 119. Die Schwingung der Frequenz ω nennt man den Träger, die Schwin-

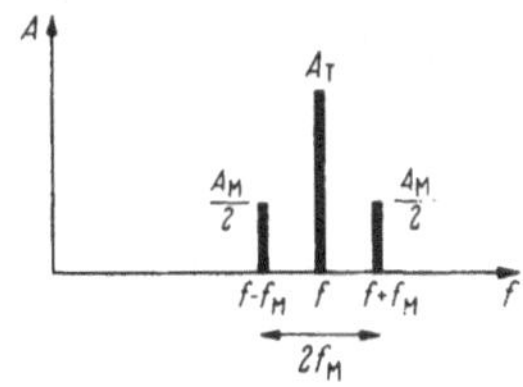

Abb. 119. Frequenzspektrum der amplitudenmodulierten Schwingung

gung der Frequenz $\omega - \omega_M$ das untere Seitenband, die Schwingung der Frequenz $\omega + \omega_M$ das obere Seitenband. Der Abstand der Trägerfrequenz von den Frequenzen der Seitenbänder ist gleich der Modulationsfrequenz. Bei Amplitudenmodulation treten immer die Seitenbänder symmetrisch zum Träger auf.

Durch Anwendung von (49) kann man die drei Schwingungen aus (479) in komplexe Form bringen. Solange man nur die Zeiger der Ströme und Spannungen in einer Schaltung berechnen will, kann man sich darauf beschränken, die komplexen Momentanwerte und die komplexen Amplituden der positiven Frequenzen zu betrachten. Wenn man dagegen Wirkleistung ausrechnen will, muß man wie in (121) für die Momentanleistung u i die vollständigen Formeln (119) und (120) einschließlich der negativen Frequenzen verwenden. Der komplexe Momentanwert des m_1 aus (479) lautet nach (48)

$$\underline{m} = A_T \cdot e^{j\omega t} + \frac{1}{2} A_M \cdot e^{-j\psi_M} \cdot e^{j(\omega - \omega_M)t} + \frac{1}{2} A_M \cdot e^{j\psi_M} \cdot e^{j(\omega + \omega_M)t}$$

$$= [A_T + \frac{1}{2} A_M \cdot e^{-j(\omega_M t + \psi_M)} + \frac{1}{2} A_M \cdot e^{j(\omega_M t + \psi_M)}] \cdot e^{j\omega t}. \qquad (480)$$

Diese Gleichung läßt zwei verschiedene Deutungen zu. In der oberen Form besteht die Schwingung aus 3 komplexen Amplituden verschiedener Frequenz:

$$\text{Frequenz } \omega - \omega_M\text{: } \underline{A}_1 = \frac{1}{2} A_M \cdot e^{-j\psi_M}\,; \tag{481a}$$

$$\text{Frequenz } \omega\text{: } \underline{A}_2 = A_T\,; \tag{481b}$$

$$\text{Frequenz } \omega + \omega_M\text{: } \underline{A}_3 = \frac{1}{2} A_M \cdot e^{j\psi_M}. \tag{481c}$$

In der unteren Form von (480) hat die amplitudenmodulierte Schwingung nach Abspaltung des Faktors $e^{j\omega t}$ einen zeitabhängigen komplexen Zeiger

$$\underline{A} = A_T + \frac{1}{2} A_M \cdot e^{-j(\omega_M t + \psi_M)} + \frac{1}{2} A_M \cdot e^{j(\omega_M t + \psi_M)}. \tag{482}$$

Abb. 120 zeigt, wie sich der Gesamtzeiger $\underline{A}$ aus den 3 Teilzeigern der Gl. (482) zusammensetzt, aus einem festliegenden Zeiger $\underline{A}_2$ der Länge A_T und zwei symmetrisch zu $\underline{A}_2$ liegenden Zeigern der Länge $\frac{1}{2} A_M$. Der Zeiger $\underline{A}_1$ rotiert nach (39) (bei t = 0 vom Winkel $\psi_0 = -\psi_M$ ausgehend) im Uhrzeigersinn mit der negativen Kreisfrequenz $-\omega_M$, der Zeiger $\underline{A}_3$ (bei t = 0 vom Winkel $\psi_0 = \psi_M$ ausgehend) gegen den Uhrzeigersinn mit der positiven Kreisfrequenz ω_M. Der Summenzeiger $\underline{A}$ hat stets die Richtung des $\underline{A}_2$ und nach (49) eine cos-förmige Schwankung seiner Gesamtlänge.

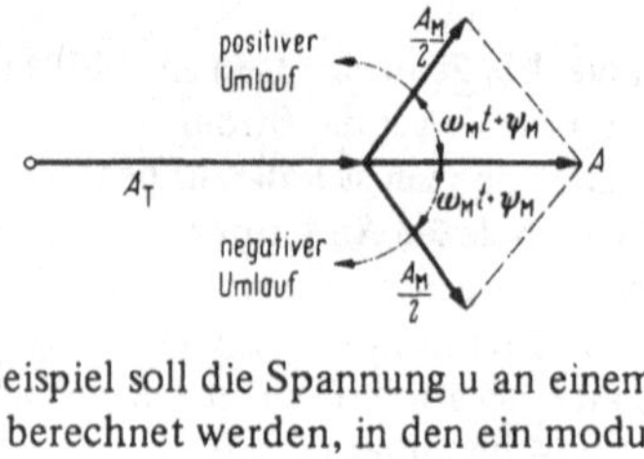

Abb. 120. Zeiger der amplitudenmodulierten Schwingung

Als Beispiel soll die Spannung u an einem Parallelresonanzkreis nach Abb. 121a berechnet werden, in den ein modulierter Strom mit dem Momentanwert

$$i = (I_T + I_M \cdot \cos \omega_M t) \cdot \cos \omega t \tag{483}$$

fließt. Nach (481a bis c) ergibt dies für $\psi_M = 0$ drei komplexe Amplituden:

Frequenz $\omega - \omega_M$:	Frequenz ω:	Frequenz $\omega + \omega_M$:	
$\underline{I}_1 = \frac{1}{2} I_M$	$\underline{I}_2 = I_T$	$\underline{I}_3 = \frac{1}{2} I_M$	(484)

Der komplexe Widerstand $\underline{Z}$ des Resonanzkreises ist durch (274) gegeben. Er ist frequenzabhängig. Im vorliegenden Beispiel wird vorausgesetzt, daß die

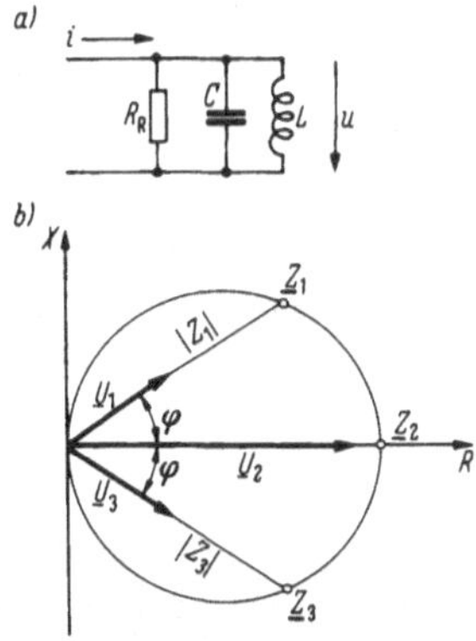

Abb. 121. Amplitudenmodulation am Parallelresonanzkreis

Resonanzfrequenz ω_R des Kreises gleich der Frequenz ω des Trägers ist. Für die Trägerfrequenz gilt nach (275) die Impedanz des Kreises

$$\underline{Z}_2 = \frac{\underline{U}_2}{\underline{I}_2} = R_R; \quad \underline{U}_2 = \underline{I}_2 \, R_R = I_T \, R_R. \tag{485}$$

$\underline{U}_2$ ist die komplexe Amplitude der Spannung der Frequenz ω, die aus $\underline{I}_2$ an $\underline{Z}_2$ entsteht. Entsprechend den Gegebenheiten der Praxis wird ferner angenommen, daß der Abstand f_M der Seitenbänder von der Trägerfrequenz (Abb. 119) so klein ist, daß man die Näherungen (276) und (278) mit v aus (227) verwenden kann. Für das untere Seitenband gilt nach (226)

$$\Delta f = f_M \quad \text{und} \quad v = -\frac{f_M}{f_R}; \tag{486a}$$

für das obere Seitenband gilt

$$\Delta f = f_M \quad \text{und} \quad v = \frac{f_M}{f_R}. \tag{486b}$$

Für das untere Seitenband gilt dann nach (276), (278), (483) und (486a) die Impedanz $\underline{Z}_1 = |Z| \cdot e^{j\varphi}$ mit

$$|Z| = \frac{R_R}{\sqrt{1 + \left(\frac{B_R}{G_R} \cdot 2\,\frac{f_M}{f_R}\right)^2}} \tag{487}$$

$$\varphi = \arctan \frac{B_R}{G_R} \cdot \frac{2\,f_M}{f_R}. \tag{488}$$

und die komplexe Spannungsamplitude

$$\underline{U}_1 = \underline{I}_1\,\underline{Z}_1 = \frac{1}{2}\,I_M \cdot |\,Z\,| \cdot e^{j\varphi}. \tag{489}$$

mit $\underline{I}_1$ aus (484).

Für das obere Seitenband ergibt sich mit v aus (486b) die Impedanz $\underline{Z}_3 = \underline{U}_3/\underline{I}_3 = |\,Z\,| \cdot e^{-j\varphi}$ des Kreises. $\underline{Z}_3$ hat das gleiche $|\,Z\,|$ wie in (487), jedoch das negative φ aus (488) und die komplexe Spannung

$$\underline{U}_3 = \underline{I}_3\,\underline{Z}_3 = \frac{1}{2}\,I_M\,|\,Z\,| \cdot e^{-j\varphi}. \tag{490}$$

Die Lage der Impedanzen $\underline{Z}_1$, $\underline{Z}_2$ und $\underline{Z}_3$ findet man in Abb. 121b. Diese Abbildung zeigt ebenfalls die Lage der zu diesen Impedanzen proportionalen Spannungszeiger $\underline{U}_1$, $\underline{U}_2$ und $\underline{U}_3$. Verwandelt man die Spannungen $\underline{U}_1$ aus (489), $\underline{U}_2$ aus (485) und $\underline{U}_3$ aus (490) wieder in reelle Momentanwerte, so ergibt ihre Summe den reellen Momentanwert der Gesamtspannung u aus Abb. 121a

$$\begin{aligned} u &= u_1 + u_2 + u_3 \\ &= R_R \Big\{ I_T \cos\omega t \\ &\qquad + \frac{1}{2}\,I_M\,\frac{|\,Z\,|}{R_R} \cdot \cos\left[(\omega - \omega_M)\,t + \varphi\right] \\ &\qquad + \frac{1}{2}\,I_M\,\frac{|\,Z\,|}{R_R} \cos\left[(\omega + \omega_M)\,t - \varphi\right] \Big\} \\ &= R_R \left[I_T + I_M\,\frac{|\,Z\,|}{R_R} \cdot \cos(\omega_M t - \varphi) \right] \cos\omega t \end{aligned} \tag{491}$$

unter Verwendung von (478). Die Amplitudenmodulation der am Parallelresonanzkreis liegenden Spannung u unterscheidet sich von der Amplitudenmodulation des eingespeisten Stromes i nach (483). Die Phase der Spannungsmodulation $\psi_M = -\varphi$ eilt der Phase der Strommodulation ($\psi_M = 0$) um den Winkel φ aus (488) nach. (Modulationsverzögerung). Der Modulationsgrad ν_i des Stromes war nach (477) und (483)

$$\nu_i = \frac{I_M}{I_T}. \tag{492}$$

Der Modulationsgrad ν_u der Spannung ist nach (491) und (487)

$$\nu_u = \frac{I_M}{I_T} \cdot \frac{|\,Z\,|}{R_R} = \frac{\nu_i}{\sqrt{1 + \left(\frac{B_R}{G_R} \cdot 2\,\frac{f_M}{f_R}\right)^2}} \tag{493}$$

stets kleiner als der Modulationsgrad des Stromes. Man kann die Größe $2\,f_M/f_R = b_M$ nach Abb. 119 als die relative Bandbreite der modulierten

Schwingung bezeichnen. G_R/B_R ist nach (271) die relative Bandbreite b des Resonanzkreises. Die in (487) und (488) auftretende Größe

$$\frac{B_R}{G_R} \cdot \frac{2\,f_M}{f_R} = \frac{b_M}{b} \tag{494}$$

ist das Verhältnis der Modulationsbandbreite zur Kreisbandbreite und bestimmt den Einfluß des Parallelresonanzkreises auf die Modulation. Je größer die Modulationsbandbreite b_M bei gegebener Kreisbandbreite b, desto mehr vermindert sich der Modulationsgrad ν_u, desto mehr verzögert sich die Modulation durch das nacheilende φ.

VI,2. Komplexe Frequenzen

Eine zweite Methode zur Erweiterung des komplexen Rechnens auf Schwingungen mit zeitlich veränderter Amplitude ist die Einführung komplexer Frequenzen, mit denen man exponentielle Amplitudenänderungen beschreiben kann. Solche Vorgänge entstehen vorzugsweise beim Einschalten oder Ausschalten oder bei sprunghaften Änderungen in linearen Schaltungen.

Man ersetzt im komplexen Momentanwert $\underline{m}$ nach (40) den Faktor $e^{j\omega t}$ durch $e^{\underline{p}t}$, wobei

$$\underline{p} = \sigma + j\omega \tag{495}$$

eine komplexe Zahl ist, deren Imaginärteil das bisher verwendete $j\omega$ ist. $\underline{p}$ nennt man eine komplexe Frequenz. Ihr Realteil σ ist die Wuchskonstante. Die komplexe Größe

$$e^{\underline{p}t} = e^{(\sigma + j\omega)t} = e^{\sigma t} \cdot e^{j\omega t} \tag{496}$$

ist ein Produkt der bereits bekannten Größe $e^{j\omega t}$ und eines zusätzlichen reellen Faktors $e^{\sigma t}$. Während der Absolutwert von $e^{j\omega t}$ nach (22) stets den Wert 1 hat, ist $e^{\sigma t}$ bei positivem σ eine mit wachsender Zeit t exponentiell wachsende Größe. Der komplexe Momentanwert $\underline{m}$ in Abwandlung von (40) lautet mit komplexem $\underline{p}$

$$\underline{m} = \underline{m}_0 \cdot e^{\underline{p}t} = \underline{m}_0 \cdot e^{\sigma t} \cdot e^{j\omega t} = M_0 \cdot e^{\sigma t} \cdot e^{j(\omega t + \psi_0)}. \tag{497}$$

$\underline{m}_0 = M_0 \cdot e^{j\psi_0}$ ist der komplexe Momentanwert zur Zeit t = 0 mit der Anfangsamplitude M_0 und dem Nullphasenwinkel ψ_0. $\underline{m}$ ist der komplexe Momentanwert zur Zeit t, wobei sich der Phasenwinkel $\omega t + \psi_0$ weiterhin nach (38) entwickelt, also eine Drehung des Zeigers $\underline{m}$ mit konstanter Winkelgeschwindigkeit ω wie in Abb. 7 beschreibt.

Dagegen wächst die Amplitude M des $\underline{m}$ bei positivem σ exponentiell an nach der Formel

$$M = M_0 \cdot e^{\sigma t}. \tag{498}$$

Das Anwachsen der Amplitude beschreibt die Kurve M in Abb. 125. In der komplexen Ebene beschreibt dann der Erdpunkt $\underline{m}$ eine mit wachsendem t wachsende Spirale nach Abb. 122a, während in Abb. 7 für $\sigma = 0$ das $\underline{m}$ auf einem Kreis umläuft.

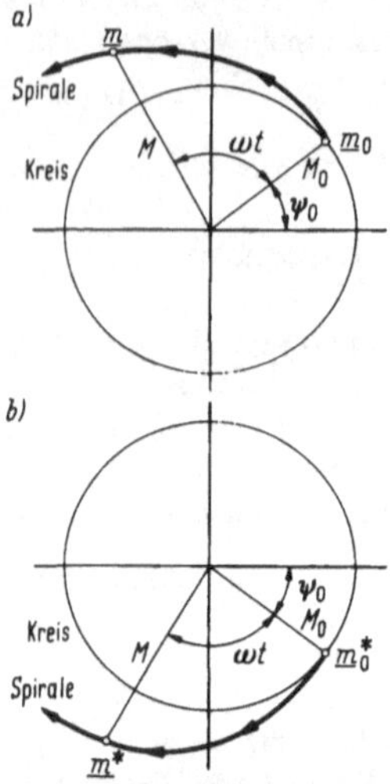

Abb. 122. Zeigerspirale mit positivem σ und positiver Frequenz (a) und negativer Frequenz (b)

Wenn σ negativ ist, stellt (498) eine mit zunehmender Zeit exponentiell abnehmende Amplitude dar. In der komplexen Ebene beschreibt dann der Endpunkt des $\underline{m}$ aus (497) eine Spirale nach Abb. 123. Im Fall eines negativen σ schreibt man oft

$$\sigma = -\delta; \quad e^{\sigma t} = e^{-\delta t}; \tag{499}$$

und nennt δ die Abklingkonstante. Das Abnehmen der Amplitude M nach (498) beschreibt die Kurve M in Abb. 126 für negatives σ.

Man stellt die komplexe Zahl $\underline{p}$ wie in Abb. 2 in einer komplexen Frequenzebene dar (Abb. 124). Die Koordinate σ liegt waagerecht, die Koordinate ω senkrecht. Rechts von der imaginären Achse liegt der Bereich $\sigma > 0$, d. h. anwachsende Schwingungen, links von der imaginären Achse der Bereich $\sigma < 0$ mit abklingenden Schwingungen. Auf der senkrechten Achse liegen wegen $\sigma = 0$ die Schwingungen konstanter Amplitude, wie sie in den Abschn. I bis V dieses Buches behandelt wurden. Je mehr sich $\underline{p}$ von der imaginären Achse

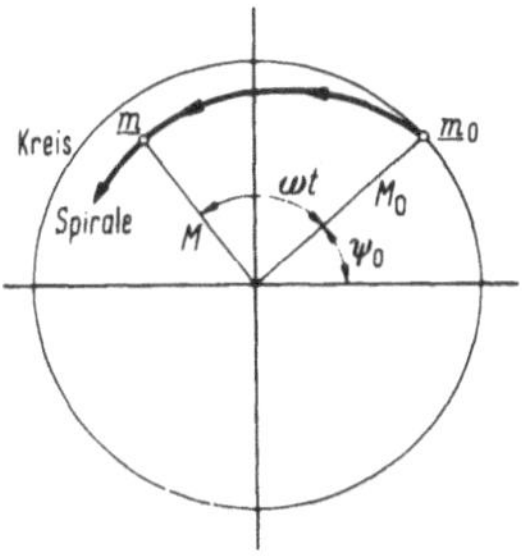

Abb. 123. Zeigerspirale mit negativem σ

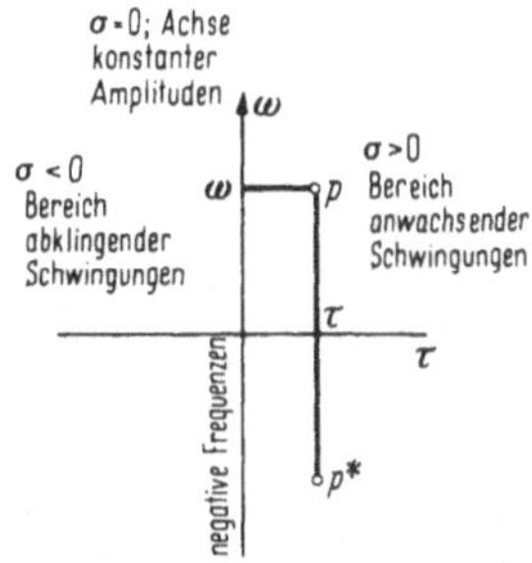

Abb. 124. Komplexe Frequenzebene

entfernt, desto größer wird $|\sigma|$, desto schneller wachsen die Schwingungen an, bzw. klingen ab (Abb. 125 und 126). Oberhalb der reellen Achse liegen in Abb. 124 die Schwingungen mit positiver Frequenz ω, bei denen sich der Phasenwinkel nach (38) ändert und der Zeiger $\underline{m}$ in Abb. 122a mit wachsender Zeit gegen den Uhrzeigersinn läuft. Unterhalb der reellen Achse liegen die

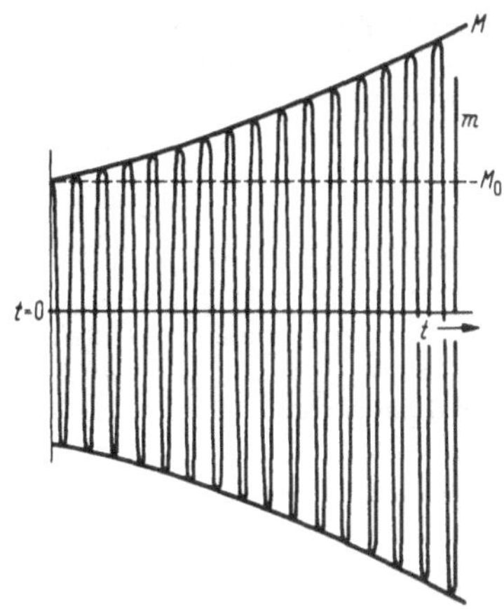

Abb. 125. Exponentiell wachsende Schwingungsamplitude

negativen Frequenzen, bei denen sich der Phasenwinkel nach (39) ändert und der Zeiger $\underline{m}$ in Abb. 122b im Uhrzeigersinn umläuft. Die zu $\underline{p}$ konjugiert komplexe Zahl

$$\underline{p}^* = \sigma - j\omega \tag{500}$$

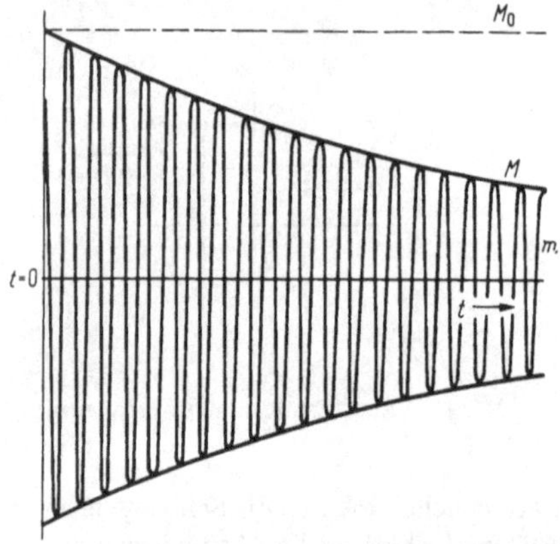

Abb. 126. Exponentiell abnehmende Schwingungs-amplitude

ist eine komplexe Frequenz, die in Abb. 124 spiegelbildlich zu $\underline{p}$ unter der reellen Achse liegt, d. h. bei gleichem σ eine negative Frequenz hat. Abb. 122a und b zeigen Vorgänge bei konjugiert komplexen Frequenzen.

In Erweiterung von (48) kann man eine komplexe Umlaufbewegung $\underline{m}$ nach (497) in Realteil und Imaginärteil, d. h. in zwei zueinander senkrechte Schwingungen wie in Abb. 10 zerlegen

$$\begin{aligned}\underline{m} &= M_0 \cdot e^{\sigma t}\,[\cos(\omega t + \psi_0) + j\sin(\omega t + \psi_0)]\\ &= M_0 \cdot e^{\sigma t} \cdot \cos(\omega t + \psi_0) + jM_0 \cdot e^{\sigma t} \cdot \sin(\omega t + \psi_0). \qquad (501)\end{aligned}$$

Gegenüber Abb. 10 ändert sich lediglich, daß die beiden Teilschwingungen nun nicht mehr konstante Amplitude M, sondern eine nach (498) exponentiell wachsende (oder abnehmende) Amplitude M haben. Abb. 125 zeigt die reelle Schwingung $m_1 = M_0 \cdot e^{\sigma t} \cdot \cos(\omega t + \psi_0)$ für positives σ und Abb. 126 das Gleiche für negatives σ, ebenso auch den zugehörigen Verlauf der Amplitude M nach (498).

Man kann in Erweiterung von (49) mit der Konstruktion der Abb. 11 eine reelle Schwingung auch aus zwei komplexen Schwingungen zusammensetzen:

$$\begin{aligned}m_1 &= M_0 \cdot e^{\sigma t} \cdot \cos(\omega t + \psi_0)\\ &= \frac{1}{2} M_0 \cdot e^{\sigma t}\,[e^{j(\omega t + \psi_0)} + e^{-j(\omega t + \psi_0)}]\\ &= \frac{1}{2}\,[M_0 \cdot e^{j\psi_0} \cdot e^{(\sigma + j\omega)t} + M_0 \cdot e^{-j\psi_0} \cdot e^{(\sigma - j\omega)t}]\\ &= \frac{1}{2}\,[\underline{m}_0 \cdot e^{\underline{p}t} + \underline{m}_0^* \cdot e^{\underline{p}^* t}]. \qquad (502)\end{aligned}$$

Hierbei ist $\underline{m}_0^* = M_0 \cdot e^{-j\psi_0}$

der konjugiert komplexe Wert des Zustandes $\underline{m}_0$ im Zeitpunkt t = 0 und $\underline{p}^*$ die konjugiert komplexe Frequenz aus (500) und Abb. 124. Die reelle Schwingung ist also die Summer zweier Umlaufbewegungen mit konjugiert komplexer Frequenz und konjugiert komplexen Anfangszuständen wie in Abb. 122a und b.

Zur Anwendung der komplexen Rechenmethode führt man wie in (71) bis (76) komplexe Ströme, Spannungen und Operatoren ein. Reelle Momentanwerte:

$$u = U_0 \cdot e^{\sigma t} \cdot \cos(\omega t + \chi); \quad i = I_0 \cdot e^{\sigma t} \cdot \cos(\omega t + \psi). \tag{503}$$

U_0 und I_0 sind dic Scheitelwerte zur Zeit t = 0. Komplexe Momentanwerte mit $\underline{p}$ aus (495)

$$\underline{u} = U_0 \cdot e^{j\chi} \cdot e^{\underline{p}t}; \quad \underline{i} = I_0 \cdot e^{j\psi} \cdot e^{\underline{p}t}; \tag{504}$$

komplexe Amplituden:

$$\underline{U} = U_0 \cdot e^{j\chi}; \quad \underline{I} = I_0 \cdot e^{j\psi}. \tag{505}$$

Wie in (88) und (89) ist ein reeller Widerstand R ein Gebilde, für das das Ohmsche Gesetz auch für die reellen Momentanwerte gilt. Es ist $\chi = \psi$ und

$$R = \frac{u}{i} = \frac{\underline{u}}{\underline{i}} = \frac{\underline{U}}{\underline{I}}. \tag{506}$$

Für eine Induktivität L gilt die Differentialgleichung (124) mit i aus (503). Setzt man zur Vereinfachung $\psi = 0$ und $i = I_0 \cdot e^{\sigma t} \cos \omega t$, so erhält man aus (124) den reellen Momentanwert der Spannung

$$u = L\, I_0 \cdot e^{\sigma t} (\sigma \cdot \cos \omega t - \omega \cdot \sin \omega t). \tag{507}$$

u enthält einen Bestandteil $\sigma \cdot \cos \omega t$, der mit i gleichphasig ist und einer Wirkkomponente entspricht, und einen Bestandteil $-\omega \cdot \sin \omega t$, der nach (47) dem Strom um $\pi/2$ voreilt. Verfolgt man diese Rechnung mit komplexen Momentanwerten, so wird aus (504) mit $\psi = 0$

$$\underline{u} = L \cdot \frac{d\underline{i}}{dt} = L\, \underline{p}\, \underline{i}; \quad \underline{U} = L\, \underline{p}\, \underline{I}. \tag{508}$$

Definiert man eine komplexe Impedanz der Induktivität, so wird in Abwandlung von (127)

$$\underline{Z}_L = \frac{\underline{U}}{\underline{I}} = \underline{p}\, L = \sigma\, L + j\omega\, L = R_L + j\omega\, L. \tag{509}$$

Gegenüber der Schwingung konstanter Amplitude nach (127) mit $\sigma = 0$ tritt hier also in Serie zum Blindwiderstand $j\omega L$ ein zusätzlicher reeller Widerstand σL auf, der je nach Vorzeichen des σ positiv oder negativ sein kann. Diese reelle Komponente wird später noch erläutert.

Für eine Kapazität gilt (132). Mit dem Momentanwert u aus (503), in dem man zur Vereinfachung $\chi = 0$ setzt, erhält man aus (132) den reellen Momentanwert des Stromes

$$i = C\,U_0 \cdot e^{\sigma t}\,(\sigma \cdot \cos\omega t - \omega \cdot \sin\omega t). \tag{510}$$

Gegenüber der Schwingung konstanter Amplitude nach (133) mit $\sigma = 0$ tritt hier ein Zusatz $\sigma \cdot \cos\omega t$ gleichphasig mit der Spannung auf, der einer Wirkkomponente entspricht. An die Stelle von (134) und (135) treten hier die komplexen Gleichungen

$$\underline{i} = C \cdot \frac{d\underline{u}}{dt} = C\,\underline{p}\,\underline{u};\quad \underline{I} = C\,\underline{p}\,\underline{U}. \tag{511}$$

Definiert man einen komplexen Leitwert der Kapazität, so wird in Abwandlung von (136)

$$\underline{Y}_C = \frac{\underline{I}}{\underline{U}} = \underline{p}\,C = \sigma C + j\,\omega C = G_C + j\,\omega C. \tag{512}$$

Bei exponentiellen Amplitudenänderungen tritt hier ein Wirkleitwert σC auf, der je nach Vorzeichen des σ positiv oder negativ ist.

Zur Erläuterung der in (509) und (512) auftretenden Wirkleistungen wird für das Beispiel der Induktivität der zeitliche Verlauf der Momentanleistung u i aus (104) betrachtet.

$$u\,i = L\,I_0^2 \cdot e^{2\sigma t}\,(\sigma \cos^2\omega t - \omega \cdot \sin\omega t \cdot \cos\omega t). \tag{513}$$

Das erste Glied ergibt Wirkleistung nach (107) bis (109), das zweite Glied Blindleistung nach (110). Dies ergibt ein ähnliches Verhalten wie ein komplexer Widerstand nach (112) bis (114), d. h. wie eine Serienschaltung eines Wirkwiderstandes R_L und eines Blindwiderstandes jX_L in (509). Während die Induktivität bei konstanten Amplituden U und I in Abb. 12 unten in der einen Viertelperiode Energie aufnimmt und speichert und in der nächsten Viertelperiode die gleiche Energie wieder abgibt, wächst bei wachsenden Amplituden (σ positiv) die zu speichernde Energie im Laufe der Zeit an. Die speisende Quelle muß also laufend Energie in das System hineinschicken, um die exponentiell wachsende Energie möglich zu machen. Dies bedeutet Wirkleistung. Bei exponentiell sinkenden Amplituden (σ negativ) nimmt der Energieumsatz mit wachsender Zeit ab, und man muß dem Gebilde laufend Energie entziehen, um es den sinkenden Amplituden anzupassen. Dies bedeutet einen negativen Widerstand nach (123).

Eine Schaltung aus Widerständen, Induktivitäten und Kapazitäten kann man wie ein Netzwerk nach den in Abschn. IV,4 gegebenen Regeln und mit Serien- und Parallelschaltung nach den in Abschn. III gegebenen Regeln auch bei komplexen Frequenzen berechnen, wenn man in Serie zu jeder Induktivität L nach (509) einen Wirkwiderstand σL und parallel zu jeder Kapazität C einen Wirkleitwert σC nach (512) liegend annimmt. Nach (176) kann man den Leitwert $\underline{Y}_C$ aus (512) auch ersetzen durch einen komplexen Widerstand $\underline{Z}_C = R_C + jX_C$ mit

$$R_C = \frac{\sigma C}{(\sigma^2 + \omega^2)\, C^2} = \frac{\sigma}{\sigma^2 + \omega^2} \cdot \frac{1}{C} \tag{514}$$

$$X_C = \frac{-\omega C}{(\sigma^2 + \omega^2)\, C^2} = -\frac{\omega}{\sigma^2 + \omega^2} \cdot \frac{1}{C} = -\frac{1}{\omega C'}. \tag{515}$$

Neuartig sind hierbei die negativen Widerstände und Leitwerte, die bei negativem σ auftreten. Als interessantes Beispiel wird ein Serienresonanzkreis mit Verlusten nach Abb. 41 näher betrachtet. Anfangs soll wie in Abb. 41 ein Strom aus einer äußeren Quelle in die Schaltung fließen. Entfernt man nun die Quelle dadurch, daß man plötzlich den Resonanzkreis kurzschließt, so besteht in diesem Moment noch elektrische Energie in der Kapazität und magnetische Energie in der Induktivität. Diese Energie führt dann zu einem exponentiell abklingenden Schwingungsvorgang (negatives σ) nach Abb. 126. Während dieses Abklingens ist die Schaltung formell durch einen negativen Widerstand $R_L = \sigma L = -\delta L$ nach (509) in Serie zur Induktivität und einen negativen Leitwert $G_C = \sigma C = -\delta C$ nach (511) parallel zur Kapazität zu ersetzen: δ aus (499); sh. Abb. 127a. Es fließt durch den Kurzschluß ein Strom mit dem komplexen Momentanwert $\underline{i}$ aus (504). Ein solcher Strom ist in Abwesenheit jeder Quelle bei negativem σ möglich, weil die negativen Widerstände nach (123)

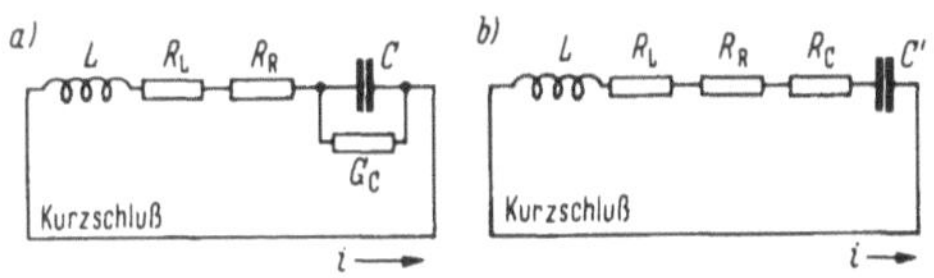

Abb. 127. Kurzgeschlossener Serienresonanzkreis mit Verlusten

Energielieferanten sind, die den Energiebedarf des R_R, der bei fließendem Strom auftritt, decken können. Die Energie, die R_L und G_C rein formal liefern, ist die zu Beginn des Vorgangs in L und C gespeicherte Energie. Da es sich in Abb. 127a vorzugsweise um eine Serienschaltung handelt, vereinfacht sich die Rechnung, wenn man die Parallelschaltung von C und G_C durch die Serienschaltung von R_C und jX_C nach (514) und (515) ersetzt, wobei jX_C nach (515) der Blindwiderstand einer Kapazität

$$C' = C\,[1 + (\frac{\sigma}{\omega})^2] = C\,[1 + (\frac{\delta}{\omega})^2] \tag{516}$$

ist. Man erhält dann Abb. 127b. Für eine solche quellenfreie Masche gilt nach (339) mit $\sigma = -\delta$

$$\underline{I}\,(j\omega L + R_R + R_L + R_C - j\,\frac{1}{\omega C'}) = 0, \tag{517}$$

Zerlegt man dies in Realteil und Imaginärteil, so erhält man zwei Gleichungen zur Bestimmung von δ und ω.

$$R_R - \delta L - \frac{\delta}{\delta^2 + \omega^2} \cdot \frac{1}{C} = 0. \tag{518}$$

$$\omega L - \frac{\omega}{\delta^2 + \omega^2} \cdot \frac{1}{C} = 0. \tag{519}$$

Aus (519) folgt

$$\delta^2 + \omega^2 = \frac{1}{LC}. \tag{520}$$

Aus (518) und (520) folgt die Abklingkonstante

$$\delta = \frac{R_R}{2L} \tag{521}$$

und aus (520) und (521) die Frequenz des Vorgangs

$$\omega = \frac{1}{\sqrt{LC}} \cdot \sqrt{1 - \frac{1}{4}\,(R_R \cdot \sqrt{\frac{C}{L}})^2} \tag{522}$$

Hierbei ist $\omega_R = 1/\sqrt{LC}$ nach (216) die Resonanzfrequenz und

$$R_R \cdot \sqrt{\frac{C}{L}} = \frac{R_R}{X_R} = b \tag{523}$$

nach (217) und (238) die Bandbreite des Serienresonanzkreises.

Normen

Der Deutsche Normenausschuß hat mehrere Normblätter herausgegeben, die den Stoff dieses Buches betreffen.

1. Begriffe und Definitionen

DIN 1311 Schwingungslehre, Benennungen.
DIN 1323 Elektrische Spannung, Potential, Zweipolquelle, Elektromotorische Kraft.
DIN 40110 Wechselstromgrößen.

2. Einheiten

DIN 1301 Einheiten, Kurzzeichen.
DIN 1357 Einheiten elektrischer Größen.

3. Formelzeichen

DIN 1302 Mathematische Zeichen.
DIN 1304 Allgemeine Formelzeichen.
DIN 1344 Formelzeichen der elektrischen Nachrichtentechnik.
DIN 40121 Formelzeichen für den Elektromaschinenbau.
DIN 5483 Formelzeichen für zeitabhängige Größen.

Eine wertvolle Ergänzung dieser Normen ist das Buch: U. Stille, Messen und Rechnen in der Physik, Verlag Vieweg, Braunschweig 1955.

Zahlreiche Anwendungen des komplexen Rechnens findet man in den Büchern

M. Paul, Kreisdiagramme in der Hochfrequenztechnik, Oldenbourg-Verlag München 1969.

H. Meinke, Einführung in die Elektrotechnik höherer Frequenzen, 2 Bände. 2. Aufl. Springer Verlag, Berlin 1965.

R. Feldtkeller, Einführung in die Vierpoltheorie, 7. Aufl. Hirzel-Verlag, Stuttgart 1962.

Register

Grundlagen der allgemeinen Elektrotechnik von *Otto Mohr*. 3. Auflage, 260 Seiten. 136 Bilder, 14 Tafeln. 1965. DM 5,80. (Band 196/196a)

Die Synchronmaschine von *Walter Putz*. 92 Seiten. 64 Abbildungen. 1962. DM 3,60. (Band 1146)

Theoretische Grundlagen zur Berechnung der Schaltgeräte von *Fritz Kesselring*. 4., vollständig überarbeitete und erweiterte Auflage. 231 Seiten. 145 Abbildungen, 14 Tafeln. 1968. DM 7,80. (Band 711/711a/711b)

Einführung in die Technik selbsttätiger Regelungen von *Werner zur Megede*. 3., überarbeitete und erweiterte Auflage. 263 Seiten. 111 Abbildungen. 1968. DM 7,80. (Band 714/714a/714b)

Elektromotorische Antriebe von *W. Meyer*. 225 Seiten. 113 Abbildungen. . 1967. DM 7,80. (Band 827/827a/827b)

Elektrische Meßinstrumente. Technik und Zubehör. Von *Andreas Ebinger*. 5., völlig neubearbeitete Auflage. 144 Seiten. 112 Abbildungen. 1970. DM 5,80. (Band 477/477a)

Überspannungen und Überspannungsschutz von *Gerhard Frühauf*. Durchgesehener Neudruck. 122 Seiten. 98 Abbildungen. 1950. DM 3,60. (Band 1132)

Elektrische Höchstspannungs-Schaltanlagen. Für Freiluft und Innenanordnung. Von *Meiners-Wiesenewsky*. 138 Seiten. 58 Abbildungen. 1964. DM 5,80. (Band 796/796a)

Transformatoren von *Wilhelm Schäfer*. 5., überarbeitete und ergänzte Auflage. 73 Abbildungen. 1967. DM 5,80. (Band 952/952a)

Fritz Raskop

Berechnungsbuch des Elektromaschinenbauer-Handwerkers (Ankerwicklers)

Anleitung und Tabellen für die Berechnung der Wickeldaten bei Instandsetzungen, Neu- und Umwicklungen elektrischer Maschinen und Apparate

9., vermehrte und verbesserte Auflage. Oktav. XVI, 300 Seiten. Mit 81 Textabbildungen und 95 Tafeln. 1971. Gebunden DM 48,–

Aus dem Inhalt:

Erkennungszeichen zur Beurteilung der Leistung, Drehzahl und Spannung bei Drehstrommotoren ohne Leistungsschild

Die Wahl des Drahtdurchmessers unter Berücksichtigung der Nutenform und der bestmöglichen Ausnutzung der Nute

Die Berechnung der Leiterzahl und des Leiterquerschnittes bei Umwicklungen von Drehstrommotoren

Die Berechnung der Wickeldaten für normale Drehstrommotoren unter Verwendung vorgefundener Merkmale an ausgeführten Maschinen

Bruchlochwicklungen

Die Aufstellung der Wickeltabellen für Drehstromläufer mit Stabwicklungen

Leistungsmesser an Drehstrommotoren

Die Ermittlung der Wicklungstemperatur nach der Widerstandszunahme

Die Berechnung der Wickeldaten bei Transformatoren

Gleichstrom

Die Berechnung der Wickeldaten bei Umwicklung von Gleichstrommaschinen

Anlasser

Technischer Verlag Herbert Cram · Berlin

FSC www.fsc.org
MIX
Papier | Fördert gute Waldnutzung
FSC® C083411

Zeitfracht Medien GmbH
Ferdinand-Jühlke-Straße 7
99095 Erfurt, Deutschland
produktsicherheit@kolibri360.de